PROGRÈS

DES

SCIENCES NATURELLES.

DE L'IMPRIMERIE DE DOUBLET.

VUE GÉNÉRALE

DES PROGRÈS

DE PLUSIEURS BRANCHES

DES SCIENCES NATURELLES,

DEPUIS LA MORT DE BUFFON,

POUR FAIRE SUITE AUX ŒUVRES COMPLÈTES

DE CE GRAND NATURALISTE;

PAR M. LE COMTE DE LACEPÈDE.

PARIS,

RAPET ET Cie, RUE SAINT-ANDRÉ-DES-ARCS, N°. 41,
Éditeurs des ŒUVRES COMPLÈTES DE BUFFON, en douze vo-
lumes in-8°., avec cinq volumes de supplément, par
M. le Comte DE LACEPÈDE.

1818.

VUE GÉNÉRALE

DES PROGRÈS DE PLUSIEURS BRANCHES

DES SCIENCES NATURELLES,

DEPUIS LE MILIEU DU DERNIER SIÈCLE.

Les amis des sciences naturelles viennent de parcourir les nombreux ouvrages dont le génie de Buffon les a enrichies. Ils viennent d'admirer le grand monument qu'il a élevé en leur honneur, et qui brille de tant d'éclat, même lorsqu'on le compare à ceux qu'Aristote et Pline ont laissés sur la terre. Ces trois grands foyers de lumière éclairent la route que l'esprit humain a parcourue dans la suite des siècles. Elles honorent la Grèce, Rome, et la France ; elles illustrent le siècle d'Alexandre, celui de Vespasien, de Tite et de Trajan, et celui où a commencé le véritable règne de la science.

Plus de trente ans se sont écoulés cependant, depuis le moment où Buffon termina le faîte de l'édifice auquel il avoit travaillé pendant un demi-siècle, et ces trente années ont été marquées par les progrès les plus rapides des sciences naturelles. Les grands mouvemens qui ont agité les esprits pendant cette période, en ont poussé un très-grand nombre vers les sanctuaires de ces sciences, comme vers des asiles paisibles où ils ont pénétré, d'ailleurs, fortifiés par l'habitude et maîtrisés par le besoin de contempler les objets les plus élevés ; et ceux qui les ont cultivées ont noblement répondu aux appels inspirateurs de Buffon, de Linné, et d'autres immortels naturalistes.

1.

Mais, quelque remarquables qu'aient été les succès de ceux qui, plus ou moins récemment, se sont livrés à l'étude de la nature, ils ont ajouté à l'éclat des ouvrages de Buffon, au lieu de le ternir. Ils ont augmenté le nombre des hommes éclairés, et la gloire des grands hommes s'accroît toujours avec le nombre de ceux qui peuvent s'élever à la hauteur de leurs idées. Lorsque le nombre de ces hommes privilégiés s'est accru, on reconnoît plus aisément sans doute, dans les anciennes productions des hommes supérieurs, les erreurs qu'elles renferment, et que le temps où elles ont paru pouvoit ne pas permettre à leurs auteurs d'éviter; mais d'un autre côté, aucune beauté n'échappe, aucune observation utile n'est perdue, et l'on parvient surtout à saisir ces grands ensembles, garans de la durée, et que le génie ose seul concevoir.

Les ouvrages de Buffon doivent d'ailleurs être comptés parmi ces chefs-d'œuvre que le style avec lequel ils ont été gravés recommande si fortement à la postérité. Qu'est-ce, en effet, qu'un ouvrage très-bien écrit, si ce n'est celui où toutes les idées sont tellement coordonnées, qu'on ne pourroit en déplacer aucune sans altérer l'ouvrage, et où cet ordre rigoureux et admirable produit nécessairement et la clarté du discours, et la force du raisonnement, et la chaleur de l'éloquence, et la vérité des images, et la propriété des expressions; de telle sorte que les mêmes pensées ne pourroient être rendues par d'autres expressions, présentées sous d'autres images, placées dans une autre série, sans perdre, par une succession moins naturelle, et leurs couleurs, et leur force, et surtout leur clarté?

Mais indépendamment de cette beauté de style qui sauvera à jamais de l'oubli les œuvres de Buffon, comme elle a sauvé celles de Pline, on peut indiquer des causes bien puissantes qui préservent de la destruction tous les grands monumens consacrés par l'esprit humain, même à la gloire des sciences destinées pendant long-temps à de nouveaux progrès.

Ces monumens présentent un grand nombre de faits importans et de vérités utiles, et ils les offrent liés si étroitement, que ces vérités et ces faits se gravent plus profondément dans la mémoire, qu'on en tire plus facilement toutes les conséquences, et qu'on en voit plus clairement toutes les applications.

Ils montrent dans toute leur étendue les progrès de l'esprit humain, et marquent avec précision ces grandes époques de la civilisation, dont ils sont les principaux résultats, et dont toutes les personnes éclairées recherchent avec tant d'empressement la marche plus ou moins accélérée.

Ajoutons que l'admiration, ce plaisir pur des âmes privilégiées, l'amour des jouissances vives de l'esprit ou du cœur, un noble orgueil, un grand intérêt, maintiennent ces ouvrages qui, après la vertu, honorent le plus l'humanité, élèvent les pensées, purifient les affections, agrandissent les objets de nos recherches, multiplient toutes nos forces, affoiblissent les préjugés, et lient les hommes de tous les pays, par une noble et bienveillante communauté de vues et de sentimens.

Et d'ailleurs le génie peut-il construire un monument, sans donner une grande impulsion aux esprits dont tant de travaux se rattachent ensuite à ce monument, comme à leur origine ?

On a toujours désiré de connoître ces rapports qui lient les productions des hommes, cette espèce de puissance magique qui leur donne tant d'éclat par le rapprochement des rayons de lumière, tant de force par la réunion des traits, tant d'utilité par les comparaisons nombreuses qu'on peut faire de leurs différentes parties.

Essayons d'indiquer quels sont les travaux qui se rapportent à ceux de Buffon, et dont les sciences ont été enrichies depuis sa mort. Mais, de même qu'un coup d'œil général sur l'histoire des sociétés humaines n'embrasse que les principaux événemens, une vue générale d'une partie de l'histoire de la nature, ne peut comprendre que les grandes masses des tableaux de cette nature puissante.

Les cinq grandes branches de l'arbre de la science, cultivées par Buffon, sont l'histoire des oiseaux, celle des quadrupèdes, celle des minéraux, celle de l'homme, et la théorie de la terre.

Jetons d'abord les yeux sur les progrès des naturalistes dans l'étude des oiseaux, ou l'*ornithologie*.

Nous devons citer principalement la *Zoologie analytique* et le *Traité élémentaire d'Histoire naturelle* de mon célèbre confrère et collaborateur M. Duméril, membre de l'Académie royale des Sciences, et habile rédacteur des deux premiers volumes des Leçons d'Anatomie comparée de notre illustre collègue M. le chevalier Cuvier;

L'Histoire naturelle des Oiseaux, publiée dans l'Encyclopédie méthodique, par Mauduit;

Les planches relatives à cette même Histoire, dirigées par Bonnaterre;

Le *Traité élémentaire et complet d'Ornithologie*, dont le naturaliste Daudin a fait paroître les deux premiers volumes;

Plusieurs articles du même auteur, que l'on trouve dans les Annales du Muséum d'Histoire naturelle de France;

L'édition de Buffon, donnée par Sonini;

L'*Analyse d'une nouvelle Ornithologie élémentaire*, donnée au public par M. Vieillot, auquel on doit d'ailleurs la continuation des Oiseaux dorés d'Audebert, l'Histoire naturelle des plus beaux oiseaux chanteurs de la zone torride, et celle des oiseaux de l'Amérique septentrionale;

La dernière édition du Système de la Nature de Linné, par Gmelin;

Le Système des Oiseaux, d'un jeune professeur de Berlin, M. Illiger, trop tôt enlevé aux sciences;

Les ouvrages ornithologiques de Latham, de la Société royale de Londres;

La Zoologie générale, les Mélanges d'Histoire naturelle, et la Zoologie de la Nouvelle-Hollande, de George Shaw, bibliothécaire du Muséum britannique;

La continuation de ces Mélanges par M. Leach, de la Société royale de Londres;

L'Histoire des Oiseaux d'Afrique, celles des perroquets;

des oiseaux de paradis, des rolliers, des toucans, des barbus, des promérops, des guêpiers, etc., dont un voyageur célèbre (M. le Vaillant) a enrichi les sciences naturelles ;

Les nombreux travaux de M. le chevalier Geoffroy de Saint-Hilaire, que l'on peut consulter dans les Annales du Muséum, dans le Magasin Encyclopédique, dans la fameuse Description de l'Egypte, et dans l'important ouvrage qu'il vient de publier sur les organes de la respiration ;

La belle Histoire des tangaras, des manakins et des todiers, dont les naturalistes sont redevables à M. Desmarets ;

Celle des pigeons et des gallinacées, de M. Temmink ;

Le Tableau systématique des oiseaux d'Europe, présenté par ce savant directeur de la Société des Sciences de Harlem ;

Un Mémoire composé par M. L. Frédéric Hammer, professeur d'histoire naturelle de Strasbourg, sur l'autruche d'Amérique, et inséré dans les Annales du Muséum ;

La belle Description de l'outarde houbara, donnée dans les Mémoires de l'Académie des Sciences, par M. Desfontaines ;

Les recherches de M. Léchenaux sur les coqs sauvages de l'île de Java ;

Le travail de M. Storr, professeur de Tubingen ;

L'Histoire naturelle et mythologique de l'ibis, de M. Savigny, et les Mémoires sur les oiseaux de l'Egypte, publiés par ce savant dans l'ouvrage si précieux qui dévoile, pour ainsi dire, toutes les merveilles et tous les mystères de cette fameuse contrée ;

Ce qu'a écrit sur le cazoar de la Nouvelle-Hollande et sur d'autres sujets relatifs à l'ornithologie, ce généreux martyr des sciences naturelles, qui a enrichi notre Muséum de tant d'objets, et le monde savant du *Voyage de découvertes aux terres australes,* notre savant ami le courageux Péron ;

Les Observations de zoologie et d'anatomie comparée du plus illustre des voyageurs, du baron de Humboldt, de celui qui a découvert pour la science tant de parties de l'Amérique, comme Christophe Colomb l'avoit découverte pour la géographie, la politique et le commerce ;

L'*Histoire naturelle usuelle de l'Allemagne*, par l'habile naturaliste saxon, M. Bechstein ;

L'*Almanach des oiseaux de terre et des oiseaux d'eau d'Allemagne*, par MM. Wolf et Méyer ;

Les *Matériaux pour l'histoire des oiseaux de Courlande*, mis en œuvre par M. Beseke, professeur de Mittau ;

L'édition de la *Faune suédoise* du grand Linné, par M. Retsius, professeur de Lund, en Scanie ;

La Description du *Musée carlsonien*, par M. Sparmann ;

Le Voyage de Jean White dans la Nouvelle-Galles méridionale, dans une partie de cette Nouvelle-Hollande, si différente du reste de la terre, et où l'on diroit que la Nature a modifié tous ses plans, et imprimé de nouvelles formes à ses modèles ;

L'Histoire des oiseaux du Paraguai, par don Félix de Azzara ;

Les savantes Not'ces sur des oiseaux de l'Amérique septentrionale, composées par M. Georges Ort, de l'Académie des Sciences naturelles de Philadelphie ;

Le Catalogue des oiseaux du Piémont, par le professeur de Turin, M. Bonelli ;

La Description de nouveaux genres et de nouvelles espèces d'animaux et de plantes de la Sicile, donnée par M. Rafinesque,

Et plusieurs autres ouvrages intéressans que les bornes de ce discours ne me permettent pas de nommer.

Mais c'est surtout le *Règne animal distribué d'après son organisation*, qui doit marquer une époque importante dans les progrès de l'ornithologie, comme dans ceux des autres sciences zoologiques. Tout le monde sait quels nombreux rapports découverts ou vérifiés par le plus grand promoteur de l'anatomie comparée, sont exposés avec habileté dans cet ouvrage de M. le chevalier Cuvier. On y trouve une discussion savante des caractères des espèces, des genres et des familles ; une rectification habile des erreurs introduites dans la synonymie, ou dans les nomenclatures comparées des différens auteurs ; une distribution plus régulière des objets ; un re-

tranchement exact de ceux qui n'existoient que de nom; une
réduction rigoureuse des espèces, d'autant plus importante,
qu'elle fait évanouir un grand nombre de ces nuances trop
foibles, incertaines ou passagères qui donnent tant d'embar-
ras à ceux qui s'occupent de classer les êtres organisés, et,
particulièrement les oiseaux.

Il est résulté du travail de M. Cuvier, comme de tous les
efforts des autres naturalistes qui ont voulu distribuer les oiseaux, d'après un plan régulier, une vérité curieuse relativement à la manière dont Buffon les a considérés. Avec quelque force que ce grand naturaliste ait écrit, il y a plus d'un
demi-siècle, contre ce qu'il appeloit les défauts, les abus, les
erreurs, les dangers des méthodes, vers lesquelles on pouvoit craindre en effet, à cette époque, que les esprits ne se
dirigeassent trop exclusivement, il a rapproché les différentes espèces d'oiseaux, dans la belle histoire qu'il en a donnée,
ou pour mieux dire dans les magnifiques tableaux qu'il en
a présentés, de manière qu'elles forment des groupes liés
par des rapports si naturels qu'on ne peut briser ces liens
dans aucune bonne méthode. Il a rapproché ensuite ces
groupes secondaires les uns des autres par leurs plus grandes relations ; il en a composé de plus grands groupes, d'a-
près ces affinités si bien observées, de telle sorte que sans le
vouloir et peut-être sans s'en douter, cédant à la force du
génie, dont l'essence comme le pouvoir consiste dans une
vaste, rapide et éminente faculté de comparer, il a composé une méthode naturelle à laquelle il n'a manqué que
la rectification de quelques erreurs échappées à ses corres-
pondans, et la distribution des groupes qu'il a si bien décrits, dans des réunions plus élevées, dans des ordres ou
familles où ces groupes auroient figuré comme des genres
circonscrits avec habileté.

J'ai tâché aussi, s'il m'est permis de me citer après tant de
naturalistes si justement célèbres, de concourir aux progrès
de l'ornithologie, depuis la mort de Buffon. J'ai publié, dans
les Mémoires de l'Institut, une table méthodique des oiseaux, dans laquelle j'ai proposé aux naturalistes qui ont

bien voulu les adopter, d'établir sept nouveaux genres dans la nombreuse classe de ces animaux, un dans l'ordre des passereaux, un parmi les gallinacées, trois dans les échassiers, et deux parmi les oiseaux dont les pieds sont palmés, et qui passent la plus grande partie de leur vie sur la surface ou les rivages des mers, des étangs, ou des rivières. J'ai désiré de donner, par cette nouvelle distribution, plus de régularité et de précision aux méthodes dont tout le mérite et tous les avantages disparoîtroient surtout pour les jeunes élèves, si une exactitude rigoureuse n'en régloit pas la composition.

On trouvera, dans ces mêmes Mémoires de l'Institut, un autre travail sur les différens degrés d'importance que l'on doit assigner aux divers traits de la conformation des animaux, et particulièrement des oiseaux, lorsqu'on veut en soumettre les espèces à un ordre méthodique. C'est un des essais par lesquels j'ai tâché d'introduire, dans l'étude des sciences naturelles, cette précision qui est un des plus beaux attributs des sciences mathématiques. J'ai publié aussi, depuis la mort de Buffon, une sorte de géographie zoologique applicable aux mammifères et aux oiseaux. Mais, avant d'en retracer quelques traits, voyons quels sont les principaux ouvrages qui ont le plus concouru, depuis 1788, aux progrès de l'histoire naturelle des quadrumanes et des quadrupèdes.

Nous retrouvons ici un grand nombre des auteurs que nous venons de citer :

M. le chevalier Cuvier, dont le *Règne animal* présente les mammifères, avec autant de vérité et d'éclat que les oiseaux;

M. Duméril, dont nous n'avons pas besoin de rappeler les savans ouvrages;

Gmelin, l'auteur de la dernière édition du *Système de la nature* de Linné;

M. le chevalier Geoffroy de Saint-Hilaire, qui a inséré, dans les Annales de notre Muséum, tant d'articles si intéressans sur les singes ou autres quadrumanes, les carnassiers, les marsupiaux dont les femelles ont sous le ventre une poche destinée à servir d'asile à leurs petits encore trop jeunes et trop foibles, les rongeurs, les ruminans, les échidnés ou fourmi-

(9)

liers épineux de la Nouvelle-Hollande, les ornithorhiques, ces animaux de cette même île, ou plutôt de ce continent australasien, qui présentent l'assemblage extraordinaire de traits et d'organes des quadrupèdes et des oiseaux, et sur presque toutes les familles de mammifères;

Audebert, auteur d'une Histoire naturelle des singes et des makis;

Iliger, auquel on doit un Prodrome d'un système des mammifères;

Don Félix de Azzara, dont M. Moreau de Saint-Méry a traduit, de l'espagnol en français, une Histoire manuscrie des quadrupèdes du Paraguai;

M. le baron Alexandre de Humboldt, qui par ses observations enrichit sans cesse toutes les branches des sciences physiques, comme tous les grands monumens élevés par la main toute-puissante de la Nature paroissent destinés à rappeler sa gloire;

M. Beschtein, dont la savante *Histoire naturelle usuelle de l'Allemagne* comprend les quadrupèdes, aussi-bien que les oiseaux;

M. Léchenaux, ce voyageur naturaliste que nous avons déjà eu tant de plaisir à citer;

Péron, qui a si bien observé tous les animaux et particulièrement les Kanguroos et les grands phoques qui ont pu se présenter à ses yeux dans les contrées curieuses où il a abordé;

M. Desmarets, auquel on est redevable de plusieurs articles du nouveau Dictionnaire d'histoire naturelle;

M. Storr, professeur de Tubingen;

Et George Shaw, qui a publié, ainsi que nous l'avons déjà vu, des Mélanges d'histoire naturelle, une Zoologie générale, et le commencement de la Zoologie de cette Nouvelle-Hollande que les naturalistes doivent désirer si vivement de bien connoître.

Ajoutez à tous ces ouvrages que nous venons de rappeler, l'Histoire des mammifères, par M. Schréber, professeur d'Erlang.

Les travaux sur les quadrumanes ou d'autres animaux,

dus au savant secrétaire de la société philomatique, M. Blainville, professeur à la Faculté des sciences de Paris ;

Les Mémoires sur des quadrumanes, des rongeurs, des pa-
chy dermes et des carnassiers, de M. Frédéric Cuvier, le digne
frère de notre grand anatomiste ;

Ceux que M. le comte de Hotmanseck a donnés sur les animaux du Portugal et du Brésil ;

Les *fragmens d'Histoire naturelle*, l'Anatomie des makis,
et d'autres productions du savant et zélé professeur de Mos-
cow, M. Fischer ;

Les *Tables des affinités des animaux*, et les Observations
zoologiques posthumes de Jean Hermann, professeur si re-
commandable de Strasbourg,

Les mémoires et notices de l'habile naturaliste, M. Tilésius,
qui a fait un voyage autour du monde, avec le capitaine
russe Krusenstern ;

L'Anatomie comparée, de M. Home, de la Société royale
de Londres ;

Les Œuvres de mon respectable ami M. Blumenbach, célèbre professeur de médecine et d'histoire naturelle à Gotingue ;

Le magnifique Recueil de figures d'animaux, publié par
M. *Samuel Daniels*, peintre anglais ;

Et d'importantes descriptions de plusieurs genres ou espèces
de mammifères observés dans l'Amérique septentrionale ,
descriptions qui font partie des travaux de la Société verné-
rienne, et d'autres Sociétées savantes de la Grande-Bretagne
et du nouveau Continent.

Mais parmi ces quadrupèdes découverts depuis la première publication des ouvrages de Buffon, nous trouvons
un grand nombre d'espèces d'autant plus remarquables que
l'on n'en connoît encore que des fragmens, des dents et des
ossemens fossiles. Le hasard ou une recherche éclairée ont
mis au jour ces débris cachés pendant si long-temps dans le
sein de la terre. La science a comparé ces restes précieux,
les a rapprochés, rassemblés, rétablis dans leur ensemble. Elle
a recomposé leur squelette ; elle est parvenue par des analo-
gies exactes, et par les conséquences de grands faits zoologiques

que leur constance peut faire regarder comme des règles invariables, à recouvrir cette charpente osseuse, à placer, pour
ainsi dire, dans l'intérieur de cette charpente solide, les organes qu'il est presque impossible de ne pas y supposer, et à
recréer, en quelque sorte, l'espèce détruite, où reléguée,
dans des solitudes encore inconnues des peuples civilisés.
Presque toutes ces espèces, arrachées du néant, ont été ainsi
refaites par M. le chevalier Cuvier; et c'est dans les collines
qui entourent la capitale, qu'il a trouvé les ruines de plusieurs
de ces espèces qu'il a restaurées. Il a pu même parvenir, par
des comparaisons répétées et bien conduites, à retrouver dans
ces animaux des formes assez précises pour montrer nettement leurs rapports avec les espèces vivantes, déterminer
leur famille, leur assigner un genre et leur marquer leur véritable place dans le système qui présente l'ensemble des mammifères connus. C'est ce qu'on peut voir aisément dans les *recherches sur les ossemens fossiles*, et dans le *règne animal* de
cet académicien. On trouvera, dans ce dernier ouvrage, les
mastodontes du nouveau monde, les cinq *anoplothérium* des
carrières à plâtre des environs de Paris, et les onze ou douze
espèces de *paléothérium* de France qui appartiennent comme
les *anoplothérium* et les *mastodontes* à la famille des pachydermes, ou animaux à peau épaisse, parmi lesquels on compte
les éléphans, les rhinocéros, et les hippopotames.

Les savans de l'Amérique septentrionale se sont occupés
aussi, avec beaucoup de succès, de ces espèces perdues ou repoussées loin des contrées habitées. L'illustre Jefferson, qui
a su si bien allier la gloire des sciences avec celle des Washington et des Franklin, a le premier fait connoître le mégalonix
dont les grands ossemens gissoient dans des cavernes du nord
de l'Amérique, et que M. Cuvier a cru devoir rapporter,
avec le colossal mégathérium de l'Amérique méridionale, à
un genre particulier voisin de celui des paresseux, et compris,
comme ce dernier, dans la famille des *édentés*.

M. Barton, de Philadelphie, un des savans qui ont répandu
le plus de lumière sur les productions, les premiers habitans,
l'état actuel et l'ancien état de l'Amérique septentrionale, a pu

blié, dans différens ouvrages, de précieuses observations et des remarques fécondes sur les restes osseux d'un grand urus américain, et sur les espèces ou variétés de ces énormes animaux auxquels on a donné les noms d'éléphant américain, d'éléphant de l'Ohio, de *mammoth* ou *mammouth*, de *chemung mammoth*, de grand mastodon, dont M. Cuvier et M. Blumenbach ont fait l'objet de leurs importantes recherches, et dont on a trouvé les débris gigantesques dans un si grand nombre de marais plus ou moins salés de l'Amérique du nord.

J'ai tâché de montrer, par une Table méthodique, les principales affinités des quadrupèdes ou animaux à mammelles dont Buffon nous a laissé l'histoire, ou dont les descriptions ont été publiées depuis que ce grand peintre de la nature nous a été enlevé; et j'ai pensé qu'à cause de la conformité de cette Table, avec les distributions particulières des quadrupèdes adoptées par Buffon, il pourroit convenir à plusieurs de mes lecteurs, de trouver, à la suite des vues que je leur présente, cette Table méthodique et celle des oiseaux, avec quelques annotations relatives aux progrès récens des sciences naturelles.

J'ai cru aussi dans le temps, ainsi que je viens de le rappeler, qu'il ne seroit pas peu utile à l'étude des qualités, des mœurs et des habitudes des oiseaux et des quadrupèdes, et surtout de ces mammifères, de montrer comment la configuration du globe, la disposition des grandes chaînes de montagnes, leur élévation, la largeur des rivières, la nature des plaines, la hauteur des terrains, la distance de l'équateur, et plusieurs autres causes plus ou moins puissantes, influent sur l'habitation des oiseaux et des quadrupèdes, de manière à diviser la surface de la terre en régions particulières auxquelles nous avons donné le nom de Zoologiques, et dont la considération et la comparaison peuvent attacher un intérêt de plus à l'histoire naturelle de ces animaux.

Ces régions sont au nombre de vingt-six.

La première est celle qui comprend la Norwége, la Suède, la Laponie, la Finlande, les lacs Onéga et Ladoga, Pétersbourg, le cours de la Néva, de la Duna et du Niémen, et qui est environnée à l'orient et au sud-est par des monts plus

ou moins exhaussés, et dans le reste de son contour, par la
mer Baltique , le golfe Britannique, l'océan Atlantique septentrional, et la mer appelée mer Blanche ou mer de Laponie.

A l'orient de cette grande péninsule européenne et septentrionale, est située la seconde région zoologique qui comprend un espace très-vaste, mais dont les limites ne paroissent pas pouvoir être rapprochées. Elle forme une longue et
large bande, et s'étend depuis les confins de la Finlande, les
lacs Onéga et Ladoga, ou, ce qui est la même chose, depuis
l'isthme qui sépare le golfe de Finlande de la mer de Laponie, jusques au Kamtschatka, au cap oriental et au détroit
de Béhring, qui est entre l'Asie et l'Amérique. Cette seconde
région renferme une partie de l'Europe boréale et toute
l'Asie septentrionale ; elle contient plusieurs contrées de la
Russie et la Sibérie ou Tartarie russe ; et comprenant plus
de 150 degrés du couchant au levant, elle n'a pour bornes,
vers le pôle, que l'océan Glacial arctique, et vers le midi,
que les revers boréaux de cette chaîne de montagnes qui
forme un des plus longs partages d'eaux qu'on ait observés
sur la terre, part des environs du golfe de Finlande et de la
mer de Laponie , s'avance d'abord vers l'orient, se fléchit
ensuite, se détourne vers le midi, se recourbe vers l'orient,
jusqu'au delà du lac Saisan , remonte vers le nord aux environs du lac Baïkal , se perd enfin au-dessous des flots du grand
bassin de Béhring, et donne naissance à plusieurs fleuves
remarquables, à la Dwina , à la Pekzora, au Tobol, à l'Obi,
à l'Énisey, à la Léna, à l'Anadir.

La troisième région est composée de la Tartarie chinoise ,
proprement dite, de la Corée, des îles du Japon, de la Chine,
du Tonquin, de la Cochinchine, du Laos , du Camboye, du
Siam et de la presqu'île Malaye ou de Malaca. Sa circonférence est formée par une partie de la chaîne de monts dont
nous venons de parler, et qui la sépare vers le nord de la seconde région. Cette circonférence se confond ensuite avec
les bords du grand océan boréal , improprement appelé mer
Pacifique, de la mer de la Chine, du golfe du Gange, de la
chaîne de montagnes qui, s'élevant vers le nord, sépare les

eaux du Laos, de celles du Pégu, et enfin du grand désert
de Cobi ou de Siamo, qui confine, vers le septentrion, avec
la Sibérie ou la Tartarie russe.

Les îles Philippines ou Philipinas, l'archipel de Marie-
Anne, la Nouvelle Guinée, les Moluques, les Célèbes, les
grandes îles de Bornéo, de Java et de Samatra, appartiennent à la quatrième région : et déjà les naturalistes exercés
à chercher l'influence des climats, sur les formes, les couleurs et les habitudes des animaux, doivent pressentir l'utilité qu'ils retireront d'une bonne carte zoologique, faite d'a-
près les principes que nous avons cru devoir suivre.

Les îles de grand océan équinoxial, connues sous le nom
d'îles de la mer du Sud, les îles de Salomon, de Sainte-
Croix, de l'Espiritu-Santo, la Nouvelle-Calédonie, l'archipel de Bougainville, celui de Roggewein, les îles Fidgi, celles
des Amis, celles de la Société, l'archipel de Mendana, et
même, pour ne pas trop compliquer les idées en multipliant
les divisions, les îles Sandwich, composent notre cinquième
région ; et la Nouvelle-Zélande, réunie, par la pensée, à l'île
immense, ou plutôt au continent de la Nouvelle-Hollande,
constitue la sixième des vingt-six portions principales du globe.

Reportant maintenant nos regards sur le continent de
l'Asie, nous plaçons dans la septième région, l'Inde proprement dite, sa fameuse presqu'île, l'île de Ceylan, le Pégu,
l'Ava, l'Aracan, le Bengale, le Lahor, le Cashmir, les deux
rives du Sinde ou Indus; et cette septième portion, qu'arro-
sent aussi les eaux fécondantes du Gange, est circonscrite
par la chaîne des montagnes Thibétaines et autres montagnes
voisines les plus hautes de la terre, par une autre chaîne
située dans le sens des méridiens, et que nous avons vue présenter une série très-étendue de lignes de partage entre les
eaux du Pégu et celles du Laos et du Siam, par le golfe du
Gange, par celui du Sinde et par cette suite de monts qui
s'avançant vers le Nord, entre l'Inde et la Perse, se courbe
vers l'Orient, comme pour environner le pays de Cashmir,
et va ensuite se rattacher aux montagnes du Thibet.

La huitième consiste dans ces contrées élevées sur lesquelles Buffon et Bailly ont placé l'asile conservateur de l'espèce humaine, qui présentent le Thibet, une partie de la Bukarie supérieure, le lac Lope, les rivières qui se jettent dans cette sorte de petite mer intérieure, celles qui se perdent dans quelques autres lacs moins étendus, et le vaste désert de Shamo ou Cobi, dont les eaux abondantes se distribuant vers tous les points de la terre, font naître, à l'orient, les fleuves de la Chine et de la Tartarie chinoise ; au nord, ceux qui traversent la Sibérie pour aller se réunir à l'océan Glacial arctique ; à l'ouest, ceux qui arrosant la Bukarie, ont leur embouchure dans le lac Aral, auprès de la mer Caspienne, et enfin, au midi, le Sinde, le Gange, et les fleuves remarquables d'Ava, du Pégu, de Siam et de Camboye.

Nous donnons le nom de neuvième région à l'immense bassin dont la mer Caspienne est le centre, et dans lequel réunissant, par conséquent, toutes les contrées dont les fleuves ou les rivières portent leurs eaux dans cette mer, nous voyons Casvin et la partie septentrionale de la Perse, la Bukarie, le lac Aral, le cours de l'Ural, du Wolga et de la Kama, Moskow, Novogorod, la Géorgie et les environs de Tiflis et de Tauris. Cette région est véritablement méditerranée, comme la Caspienne qui en est l'endroit le plus bas ; et la plus grande partie de son contour est formée par des chaînes de montagnes plus ou moins exhaussées dont il est aisé de suivre le cours sur un globe terrestre.

A côté du bassin de la Caspienne, est celui du Pont-Euxin ou de la mer Noire. La Nature en a placé les limites sur cette série de montagnes qu'un œil exercé distingue facilement, dont presque toutes les crêtes sont marquées par le partage de grandes masses d'eau, et qui, commençant au midi de Moskow, règne entre le Don et le Wolga, dont elle divise les territoires, s'abaisse entre la Caspienne et le Pont-Euxin, parcourt l'Anatolie dans sa plus grande dimension, s'enfonce auprès de Smyrne, sous les flots de la Méditerranée, se relève en Europe à une petite distance de Salonique, s'avance parallèlement au rivage septentrional de l'Adriatique, se joint aux grandes Alpes, traverse le Tyrol, s'exhausse de nou-

veau pour former la montagne Noire, se recourbe, enveloppe, dans son contour, la source du Danube, suit, avec
plus ou moins de régularité, la rive gauche de ce fleuve, et
se tournant vers le nord, au-delà de Bude, va terminer, auprès de Moskow, le circuit que nous tâchons de montrer.

Ce bassin du Pont-Euxin est notre dixième région ; on voit
couler, sur cette portion du globe, le Don, les fleuves de
l'Anatolie septentrionale, la Save, la Drave, le Danube, le
Dniester, le Bog et le Dniéper ou Borysthène, qui tous portent au Pont-Euxin le tribut de leurs ondes.

Les pays arrosés par la Wistule, l'Oder, l'Elbe, le Rhin,
la Seine, la Loire et la Garonne, composent la onzième région, dans laquelle il faut inscrire aussi l'Angleterre, l'Ecosse
et l'Irlande qui les touchent, et qu'environnent les flots de
l'Océan Atlantique boréal dans lequel se rendent les eaux de
la Garonne, de la Loire, de la Seine, du Rhin, et de l'Elbe.
Nous trouvons donc, dans cette onzième région, la plus
grande partie de la Pologne, l'Allemagne septentrionale,
le Danemarck, la Hollande, la Belgique, la Grande-Bretagne,
la Suisse et presque toute la France.

L'Espagne et le Portugal entourés par l'Océan Atlantique
boréal, la Méditerranée et les hautes Pyrénées, isolés, pour
ainsi dire, du reste de l'Europe, au midi de laquelle ils forment une grande péninsule, et séparés par des mers, de toute
autre partie du globe, doivent composer seuls une douzième
région dont il est aisé de prévoir les caractères distinctifs,
et l'influence particulière sur diverses espèces d'animaux.

La treizième région consiste dans la partie de la France
méridionale sur laquelle le Rhône roule ses flots précipités,
et que les Cévennes séparent de la onzième région, dans
l'Italie, la Corse, la Sardaigne, la Sicile, la Dalmatie, l'Alba-
nie, l'Epire, la Morée, la Grèce, Candie, les îles de l'Archipel,
Chypre, et la partie méridionale de l'Anatolie depuis les environs de Smyrne jusques vers les gorges de la Cilicie.

Par quelle fatalité toutes ces contrées dont les eaux coulent
vers la Méditerranée, fameuses depuis trente siècles, consa-
crées par une riante mythologie, célébrées par les historiens,

chantées par les poëtes, éclairées par les philosophes, embellies par le goût, parées par les grâces, brillantes des chefs-d'œuvres du génie, possédant tous les germes de fécondité, placées sous le plus beau ciel et paroissant avoir tout reçu de l'art et de la Nature, n'ont-elles, cependant, jamais goûté la liberté, la paix et le bonheur, que comme des songes fugitifs?

Les rives de l'Euphrate et du Tigre, la Mésopotamie, les bords de l'Oronte, la Syrie, et toute la partie de la Perse que ne renferme pas le bassin de la Caspienne, appartiennent à la quatorzième région. Et la quinzième, s'étendant sur l'Arabie, l'Egypte et l'Abyssinie, comprend, dans son enceinte, la mer Rouge, beaucoup mieux désignée par l'illustre auteur d'une nouvelle hydrographie, feu mon ami le comte de Fleurieu, sous le nom de mer d'Arabie.

La côte d'Ajan, le Zanguebar, le Monomotapa, Madagascar, l'Archipel du nord de l'île de France, les îles de France et de Bourbon, le pays des Cafres, celui des Hottentots, et le cap de Bonne-Espérance, sont les contrées de la seizième région.

La dix-septième s'étend sur la côte occidentale d'Afrique, depuis les environs de la Baie Sainte-Hélène, jusques au cap Blanc, et présente le Congo, la Guinée proprement dite, et le cours de la Gambie, du Sénégal et du Niger.

Le grand désert de Sahra, et toute la Barbarie ou Afrique septentrionale, constituent la dix-huitième portion qui, par conséquent, a pour limites au nord-ouest et au nord le rivage de l'Océan Atlantique et celui de la Méditerranée, depuis le cap Blanc, où finit la dix-septième portion de la terre, jusques aux plaines de sable situées au couchant d'Alexandrie, et où commence la neuvième portion du globe, de laquelle nous venons de parler.

Nous plaçons la dix-neuvième région dans l'intérieur même de l'Afrique, dans ces contrées encore inconnues qui s'étendent depuis les environs du Tropique du Capricorne, jusques au dixième degré de latitude boréale. C'est au milieu de ces contrées que s'élèvent les montagnes d'où descendent les immenses volumes d'eau nécessaires pour entretenir les

fleuves qui coulent vers les côtes orientales et occidentales, et
qui, traversant souvent des déserts de sable, et soumis à toute
l'influence d'une chaleur ardente et continuelle, disparoîtroient bientôt et ne laisseroient à leur place que des lits des-
séchés, arides et brûlans, si leurs sources n'étoient placées
dans des monts très-hauts et qui renferment, même sous la
ligne, d'abondans réservoirs.

C'est cette région intérieure et africaine, que j'ai cru, dans
le temps, devoir comparer aux grandes sommités de la Tartarie, et qui, de même que l'intérieur de l'Asie, a peut-être
servi d'asile à l'espèce humaine, lors des derniers boulever-
semens que le globe a éprouvés.

Une des plus grandes de ces régions zoologiques, que présente la surface de la terre, est celle que nous nommons la
vingtième, qui comprend presque toute l'Amérique méridionale, et sur laquelle, l'Orénoque, le Maragnon ou fleuve
des Amazones, la rivière des Tocantins, la Parana et la
Plata, roulent leurs ondes écumantes dans d'immenses canaux
creusés par le temps au travers des rochers et se précipitent,
pendant plusieurs centaines de myriamètres, au milieu d'an-
tiques forêts et de savanes noyées. Cette vingtième région
renferme donc Vénézuéla, la Guiane, le Brésil, le Paraguai,
le Chili oriental. Elle se termine du côté du pôle antarctique,
à l'endroit où une branche des Cordilières s'avance vers le
sud.-est jusques auprès du 44e. degré de latitude australe;
et elle suit cette branche particulière, jusques aux Cordilières mêmes qui, par leurs cimes orientales, servent de limites vers le couchant à cette vingtième portion du globe,
encore trop peu décrite, observée et parcourue.

La vingt-unième région, située au sud de la vingtième,
présente la pointe méridionale de l'Amérique, depuis l'île de
Chiloé, la rivière de Camarones et la branche des Cordilières que nous venons de faire remarquer, jusqu'au cap de
Horn; et dans sa circonférence, se trouvent la terre des Pata-
gons, les bords du détroit de Magellan, la terre de Feu, l'île
des Etats, et les îles Malouines ou Hawkin's Maidenland.

Au nord de cette région peu favorisée par la nature, sans

cesse environnée de frimas ou de tempêtes, et livrée, pour ainsi dire, au milieu d'une mer fréquemment irritée, à tous les combats des élémens, est la vingt-deuxième portion de la terre, qui s'étend comme une longue bande du midi au nord, accompagne le bord occidental de la vingtième région zoologique, ne s'arrête qu'à l'isthme de Panama, et, se composant des chaînes les plus exhaussées des Cordilières, des hautes vallées que l'on rencontre au milieu de leurs pics volcaniques, et de l'espèce de plaine qui règne entre leurs énormes sommets et les rivages du grand Océan équinoxial, nous montre le Chili septentrional, et presque tout le Pérou, cette contrée trop fameuse par ses affreux malheurs, mais célèbre à jamais dans les fastes de la science et de la sagesse par les travaux immortels des Bouguer, des La Condamine, des Humboldt, et par les recherches utiles et courageuses d'habiles voyageurs.

La nature nous indique la place de la vingt-troisième région autour de ce grand bassin que nous nommons, avec Fleurieu, la mer des Antilles, et dès-lors nous voyons, sur sa surface, l'isthme de Panama, l'Yucatan, le vieux et le nouveau Mexique, la Californie, le cours de la rivière Colorado, la Louisiane jusqu'à la rive droite du Missouri, la partie méridionale des Etats-Unis jusques à la rive gauche de l'Ohio, les deux Carolines, la Georgie, la Floride, Cuba, la Jamaïque, Saint-Domingue, Porto-Ricco, et toutes les Antilles, jusques à la Trinité.

Nous renfermons dans le contour de la vingt-quatrième région tous les pays compris entre la vingt-troisième portion dont nous venons de tracer la circonférence, l'Océan Atlantique septentrional, le Golfe Saint-Laurent, le fleuve du même nom, les lacs Ontario, Erié, Huron et Supérieur, et les montagnes auxquelles on a donné le nom de *Stony-mountains* (montagnes pierreuses), qui s'étendent d'abord à l'ouest et ensuite vers le midi, et dont les revers méridionaux ou orientaux laissent échapper les eaux qui s'écoulent dans la mer des Antilles par la rivière Saint-Pierre, le Missouri, et le Mississipi.

A l'occident de ces montagnes pierreuses dont la hauteur

a été supposée de onze cents mètres, se trouve une vaste contrée baignée par le grand Océan boréal, depuis la Californie, jusqu'au mont Saint-Elie ; cette contrée forme notre vingt-cinquième région. Et enfin, la vingt-sixième renferme toute la partie septentrionale du nouveau continent, depuis le détroit de Behring, jusques au Nouveau-Groenland, auquel nous avons cru devoir réunir l'Islande, et depuis les environs des rivages boréaux des quatre grands lacs du Canada et du fleuve Saint-Laurent, jusqu'aux portions de l'Océan Glacial arctique aperçues par les voyageurs Hearne et Kensie. Nous voyons, au milieu de ses froides limites, le Labrador, presque tout le Canada, le lac Winnipigue, le lac Athapescow, le lac Slave, les environs de la rivière de Cook, la presqu'île d'Alaska, les îles Aleutiennes, le cap du prince de Galles, celui de Lisburn, les bords de la Baie de Baffin, ceux du détroit d'Hudson, et les rives de la grande baie du même nom.

Nous avons donc proposé d'admettre les régions zoologiques,

1. Du Nord de l'Europe,
2. Du Nord de l'Asie,
3. De la Chine,
4. De l'Archipel asiatique,
5. De l'Archipel océano-équinoxial,
6. De la Nouvelle-Hollande,
7. De l'Inde,
8. Du grand plateau d'Asie,
9. Du bassin de la Caspienne,
10. Du bassin du Pont-Euxin,
11. De l'Europe occidentale,
12. De la grande péninsule européenne,
13. De la Méditerranée,
14. De la mer de Perse,
15. De la mer d'Arabie,
16. De l'Afrique orientale,
17. De l'Afrique occidentale.
18. De l'Afrique septentrionale,

19. Du grand plateau d'Afrique,
20. Des Amazones,
21. Des Terres Magellaniques,
22. Des Cordilières,
23. De la mer des Antilles,
24. Des quatre Lacs et du Mississipi,
25. Du Nord - ouest de l'Amérique,
26. De l'Amérique boréale.

L'homme sauvage est soumis à l'influence de ces régions zoologiques, et même l'homme civilisé, ne peut s'y soustraire entièrement. L'art de l'homme perfectionné par la société ne peut le préserver qu'imparfaitement, de la puissance du climat. Il le laisse toujours plus ou moins exposé à ces effets des eaux, de la terre et de l'air, auxquels le père de la médecine, le grand Hyppocrate, attachoit tant d'importance. Quelque force que la pensée et le génie aient donnée à l'homme pour lutter contre la Nature, il n'oppose à ses efforts qu'un pouvoir qu'elle lui a départi ; et s'il peut contrebalancer les unes par les autres ses lois secondaires qu'en conséquence il lui importe tant de découvrir, il est toujours contraint de subir ses lois fondamentales, dont les arts ne peuvent jamais être que d'heureuses applications.

On vient de lire l'admirable Histoire de l'Homme, écrite par Buffon. M. Blumenbach, dans ses savantes recherches sur les différentes races de l'espèce humaine ; M. le chevalier Cuvier, dans son *Règne animal*, et dans tant d'autres ouvrages où il a fait réfléchir sur l'homme les lumières que faisoient naître autour de lui ses découvertes dans l'Anatomie des animaux ; M. le baron de Humboldt par tant d'observations dignes de son génie élevé ; M. Barton, de Philadelphie, dans son Archéologie américaine et dans les travaux si curieux qu'il a publiés sur les divers idiomes du nord de l'Amérique, ainsi que sur d'autres sujets ; M. Virey, dans le nouveau Dictionnaire d'histoire naturelle ; M. Sonnering, M. Gal, et d'autres habiles zoologues ou anatomistes, n'ont pas peu ajouté à la connoissance du chef-d'œuvre de la création. J'ai essayé de réunir aux tableaux de Buffon quelques esquisses sur les rapports des diverses races ou variétés que présente cette espèce humaine, à laquelle il est si naturel de voir consacrer tant de travaux destinés à accroître et sa puissance et son bonheur.

Dans les Discours que j'ai prononcés à l'ouverture de deux de mes Cours de Zoologie, donnés dans le Muséum d'histoire naturelle, j'ai offer t ces esquisses, et indiqué comment devroit être complétée l'histoire de l'homme. Il m'a semblé qu'un extrait de ces Discours, dont l'édition est épuisée depuis long-temps, pourroit être considéré comme un supplément do l'ouvrage de celui qui avoit bien voulu m'associer à ses travaux, si je ne le donnois surtout que modifié par toutes les études que j'ai faites depuis le temps où ces Discours ont été imprimés, et que demandoient de moi, les *Ages de la Nature et l'Histoire naturelle de l'espèce humaine*, que j'espère publier bientôt.

Que l'on ne croie pas, disois-je dans le premier de ces Discours, que l'homme de la Nature ne soit que l'homme véritablement sauvage qui, dénué de tout art, privé de compagne, séparé de ses semblables, erreroit au milieu des déserts et des bois, au gré des tempêtes et de ses appétits. Le castor qui se réunit par familles, par tribus, par peuplades, qui façonne et charrie ses bois, pétrit la terre, construit ses digues, arrange son habitation, la remplit d'alimens convenables, n'est-il pas le castor de la Nature? L'espèce humaine, qui n'a reçu d'autre empreinte que celle des produits nécessaires de sa propre intelligen ce, est donc véritablement l'espèce de la Nature. Si son histoire commence par celle de l'homme entièrement sauvage, elle ne doit cesser qu'au moment où, dans le sein des sociétés établies, paroît celle des individus. Les actions du cheval conquis par l'homme, du bœuf soumis à sa volonté, du chien asservi par le sentiment à ses caprices, de l'éléphant dompté par ses soins assidus, n'appartiennent point véritablement à l'histoire de la Nature : elles ne sont pas le produit de leur instinct livré à lui-même, mais le résultat d'une force étrangère, mais l'effet de l'intelligence d'un do-

minateur. L'homme, au contraire, accroissant chaque jour
sa puissance par la réunion de ses travaux et de ses pensées,
de quelle espèce étrangère a-t-il été forcé de recevoir la plus
légère modification ? quel est l'animal qui lui a commandé ?
quelle empreinte d'esclavage l'espèce humaine porte-t-elle,
et a-t-elle jamais reconnu d'autre maître que la nature im-
muable des choses ? C'est donc au naturaliste à tracer les traits
de l'espèce humaine perfectionnée. Son tableau se compose
de plusieurs images successives : tâchons de les i ndiquer.

L'homme, considéré en lui-même, et abstraction faite de
ses rapports avec ses semblables, seroit bien différent de ce
qu'il est devenu. Supposons, en effet, pour un moment, qu'il
se soit développé sans secours, et qu'il vive seul sur une terre
aussi sauvage que lui. Ne transportons même pas le sol agreste
sur lequel il traîneroit sa vie, trop près de ces contrées polaires, couvertes, pendant presque toute l'année, de glaces,
de neiges et de frimas ; où presque toute végétation est
éteinte ; où quelques animaux, difficiles à atteindre, ou dan-
gereux à combattre, pourroient seuls lui fournir une rare
et foible subsistance ; où, sans vêtemens, sans asile, sans
art, sans ressource, il auroit perpétuellement à lutter contre
la longue obscurité des nuits, l'intensité d'un froid très-ri-
goureux, la dent des animaux féroces et la faim plus dévorante encore. Ne le voyons pas non plus dans ces régions
arides, trop voisines de la ligne, où la terre desséchée ne lui
présenteroit aucune verdure, où les vents rouleroient sans
cesse des flots d'un sable brûlant, où une mer de feu l'inon-
deroit de toutes parts, et où il ne pourroit étancher la soif
ardente qui le consumeroit qu'en s'approchant des bords
d'une eau saumâtre, repaire immonde de reptiles dégoûtans,
et en étant sans cesse menacé d'être déchiré par la griffe en-
sanglantée du lion et du tigre, ou de périr étouffé au milieu
des replis tortueux d'un énorme serpent. Évitons ces deux
extrêmes. Plaçons l'homme sauvage que nous examinons sur
une terre tempérée, à peu près également éloignée des glaces
des contrées polaires et des feux des plages équatoriales. Sa
tête hérissée de cheveux durs et pressés, son front voilé par

une sorte de crinière touffue, ses yeux cachés sous des sour-
cils épais, sa bouche recouverte d'une barbe très-longue,
qui retombe en désordre sur une poitrine velue, tout son
corps garni de poils, ses ongles allongés et crochus, telle est
l'image qu'il présente. La majesté de sa face auguste, les
traits de l'intelligence, la marque d'une essence supérieure,
le sceau du génie, tout est, pour ainsi dire, encore caché
sous l'enveloppe d'une bête féroce. L'entière liberté de ses
mouvemens, le besoin d'attaquer ou celui de se défendre,
donnent à ses muscles une grande vigueur, et à tous ses
membres une grande souplesse. Il montre une force, une
agilité et une adresse bien supérieures à celles de l'homme
perfectionné. Mais que sont son adresse et son agilité à côté de
celles du singe ? et qu'est sa force, mesurée avec celle du cheval, du taureau, du rhinocéros et de l'éléphant ? Sa vue,
son odorat et son ouïe, jouissent d'une grande sensibilité ;
mais que devient la prééminence que ses sens paroissent lui
donner, si l'on compare sa vue à celle de l'aigle, son odorat
à celui du chien, son ouïe à celle des animaux des déserts ?
Les doigts de ses pieds fréquemment exercés, et qu'aucun ca-
price n'a encore déformés, plus longs et plus séparés les uns
des autres qu'ils ne le deviendront, le rendent presque qua-
drumane : ils rapprochent ses habitudes de celles du singe,
avec lequel ses dents et presque toutes les parties de son
corps présentent de très-grands rapports de conformation ;
et si, pendant son repos ou son sommeil, il cherche dans des
cavernes sombres un abri contre le danger, il passe presque
tous les instans de sa vie active dans les profondeurs de
vastes forêts, occupé quelquefois à y poursuivre de foibles
animaux, mais le plus souvent grimpant de branche en
branche, et y cueillant les fruits les moins durs et les moins
acerbes.

Cet état cependant n'est, pour ainsi dire, qu'hypothétique.
Au milieu de ces bois, dans le fond de ces antres sombres,
l'homme rencontre sa compagne ; le printemps répand autour d'eux sa chaleur vivifiante ; un sentiment irrésistible les
entraîne l'un vers l'autre ; la nuit les enveloppe de ses om-

bres; la Nature commande, elle est obéie; l'homme ne sera
plus seul sur une terre sauvage. Son existence est doublée;
elle est triple au bout de neuf mois : le nouvel être auquel
il a donné le jour aura besoin, pendant long-temps, ou de
lait, ou de soins, ou de secours; tous les feux du sentiment
s'allument et s'animent par leur action mutuelle; un lien
durable est tissu; le partage des plaisirs et des peines est établi; la famille est formée. La voix, qui n'est plus unique-
ment répétée par un écho insensible, mais à laquelle peut
répondre une voix et semblable et bien chère, est maintenant bien des fois exercée : l'organe qui la produit se développe; elle acquiert de la flexibilité; elle n'avoit encore indiqué que l'effroi, elle exprime la tendresse; elle se radoucit,
elle se diversifie. La facilité que donne la forme de la bouche
et du nez, d'en convertir les sons en accens variés et profé-
rés sans efforts, en multiplie l'emploi; elle a eu des signes
pour les passions vives, elle en a pour les affections plus
calmes; elle en a bientôt encore pour les souvenirs, la réflexion et la pensée : l'art de la parole existe. La puissance
créatrice de cet art réunit à l'ardeur de la sensibilité la lumière de l'intelligence; la première langue frappe le cœur,
le touche, développe l'esprit; l'homme reçoit le complément
de son essence, l'instrument de sa perfectibilité; et, revêtu
de sa dignité tout entière, il va marcher en quelque sorte
l'égal de la Nature.

Pouvant instruire ses semblables de ses sensations, de ses
désirs, de ses besoins, il s'aide de ses fils, il s'aide de ses frères;
ils mettent en commun leur expérience par la mémoire,
leurs travaux par l'entente, leur prévoyance par une affection mutuelle, ou par un intérêt commun. Leur nombre,
leur union, et surtout leur concert, les rendent supérieurs
aux animaux les plus redoutables. Leur chasse plus heureuse
leur fournit un aliment plus substantiel et plus agréable
peut-être que des végétaux que la culture n'a pas encore
améliorés. Ils aiguisent des branches, ils façonnent des pieux,
ils forment des massues, ils arment de pierres dures et tranchantes un jeune tronc noueux, et déjà la hache est entre

leurs mains. Les arbres cèdent à leurs coups. Ils se font jour
au travers des forêts épaisses ; ils poursuivent, jusque dans
leurs repaires, les plus gros animaux , leur donnent facilement la mort , les dépouillent sans peine, se nourrissent de
leur chair, revêtent leur dos et leur large poitrine de la four-
rure sanglante de leur proie , les garantissent, par ce premier et grossier vêtement, contre les froids, les vents et les
averses ; entreprennent , même au milieu des hivers , des
courses plus lointaines et des recherches plus productives :
et nous avons déjà sous les yeux les premiers élémens de ces
peuplades errantes, que présentent de si vastes portions de
l'Amérique septentrionale.

Une tige flexible et élastique , pliée par le vent, se réta-
blissant avec vitesse , frappant avec force et lançant au loin
un corps plus ou moins léger, leur donne l'idée de l'arc et
de la flèche. Une pierre jetée à de grandes distances par un
bras nerveux, mu circulairement et avec rapidité, leur fait
inventer la fronde qui prolonge le bras.

Le choc fortuit de deux cailloux fait jaillir des étincelles
qui, tombant sur des feuilles desséchées , allument les forêts
et propagent au loin un violent incendie. Ils imitent ce choc ;
ils le remplacent par un frottement répété ; et le feu, maintenant leur ministre, leur donne un art nouveau.

Devenus plus nombreux , ils sont forcés de réunir aux
fruits de la chasse les produits de la pêche. Devenus plus
attentifs , ils ont bientôt inventé les appâts , la ligne et les
filets : et pour que la distance du rivage ne puisse pas déro-
ber le poisson à leurs recherches , quelques vieux troncs
flottans près de la rive , et réunis par des lianes , forment le
premier radeau, ou , creusés avec la hache, composent les
premières pirogues ; et le premier navigateur , donnant à
une rame grossière des mouvemens analogues à ceux des
nageoires des poissons qu'il veut atteindre , ou des pieds
palmés des oiseaux nageurs qui les poursuivent comme lui,
hasarde sur les ondes sa frêle et légère embarcation.

Cependant , au milieu de ces bois voisins des eaux , et
dont les grottes naturelles sont encore l'habitation de l'espèce

humaine, un animal doué d'un odorat exquis, d'une vue perçante et d'un instinct supérieur, d'un naturel aimant, courageux pour les objets qui lui sont chers, timide pour ses propres besoins, avide d'un secours étranger, réclamant sans cesse un appui, se livrant sans réserve, modifiant ses habitudes par affection, docile par sentiment, supportant même l'ingratitude, oubliant tout excepté les bienfaits, et fidèle jusques au trépas, s'attache à l'homme, se dévoue à le servir, lui abandonne véritablement tout son être, et, par cette alliance volontaire et durable, lui donne le sceptre du monde. Jusqu'à ce moment, l'homme n'avoit pu que repousser, poursuivre, mettre à mort les animaux : maintenant il va les régir. Aidé du chien, son nouveau, son infatigable compagnon, il réunit autour de lui la chèvre, la brebis, la vache ; il forme des troupeaux ; il acquiert dans le lait un aliment salubre et abondant ; la houlette remplace la hache et la massue ; il devient pasteur.

N'étant plus condamné à des courses lointaines, il cherche à embellir la grotte dont il n'est plus contraint de s'éloigner si fréquemment. Son cœur apprend à goûter les charmes d'un paysage, à préférer un séjour riant, à attacher des souvenirs touchans à la forêt silencieuse, à la verte prairie, au rivage fleuri. Il a façonné le bois pour l'attaque ou la défense, il va le façonner pour le plaisir ; et, toujours guidé par le sentiment, entouré de sa compagne, de ses enfans, de son chien fidèle, il rapproche des branches souples, en entrelace les rameaux, les couvre de larges feuilles, les élève sur des tiges préparées ; environnant d'épais feuillages et d'arbrisseaux flexibles cette enceinte si chère, cet asile qu'il consacre à tout ce qu'il aime, il construit la première cabane ; et l'éternel modèle de la plus pure architecture est dû à la tendresse.

Il a vu des graines transportées par le vent, et reçues par une terre grasse et humide, faire naître des végétaux semblables à ceux qui les avoient produites : il recueille avec soin ces germes des plantes dont les fruits servent à sa nourriture, ou dont les fleurs et les feuilles réjouissent ses yeux et plaisent à son odorat ; il les sème autour de sa cabane, il arrose la terre à laquelle il les confie. Il veut mêler à cette terre dont il commence à sentir le prix, tout ce qui lui paroît devoir en augmenter la fertilité : des végétaux plus grands et plus nombreux, des fruits plus savoureux, des graines plus substantielles, que ceux qu'il a connus, sont les produits de ses soins. Son ardeur pour le travail augmente ; ses labeurs se multiplient ; il croit n'avoir jamais assez manié, retourné, engraissé une terre qui bientôt peut suffire à nourrir sa nombreuse famille ; il veut creuser de profonds sillons ; il s'aide de tous ses instrumens ; la hache se métamorphose en soc ; il appelle à son secours le plus fort des animaux qu'il élève autour de lui ; une longue constance domte le taureau ; l'animal, subjugué presque dès sa naissance, soumet, à la charrue qu'on lui impose, une corne docile, et une puissance dont il ne se souvient, en quelque sorte, que pour l'abandonner tout entière ; et l'agriculture est née, et l'art le plus utile a vu le jour.

Cependant les besoins de l'espèce humaine augmentent avec les moyens de les satisfaire. Les jouissances animent la sensibilité, éveillent les désirs, et demandent des jouissances nouvelles. L'homme emploie l'eau et le feu à augmenter, par d'heureux mélanges que le hasard lui découvre, ou que son intelligence lui indique, la bonté des alimens qu'il préfère. Parmi les végétaux qu'il cultive, il en est qui lui présentent des filamens longs, souples et déliés, qu'il peut aisément débarrasser d'une écorce grossière : il en fait des tissus plus légers et des vêtemens plus commodes que les peaux dont il s'est couvert. Il a vu d'autres plantes répandre leurs sucs et colorer la feuille, la pierre, la terre : ces nuances lui ont plu ; elles ont charmé sa compagne ; il sait bientôt les transporter sur les nouveaux tissus que son industrie a produits.

Plus il goûte de jours heureux dans le séjour qu'il a créé, plus il veut abréger le temps de l'absence, lorsqu'il est contraint à s'en éloigner. Il veut soumettre à sa puissance et s'attacher par ses bienfaits le sobre chameau et le cheval rapide : avec l'un , il traversera les déserts les plus arides ; avec l'autre , il franchira les plus grandes distances. Ces deux conquêtes deviennent les fruits de son intelligence , de sa persévérance , et de l'union de ses efforts à ceux de l'animal sensible qui n'existe que pour lui.

Dominateur absolu du chien dévoué et du coursier courageux , maître de nombreux troupeaux , créateur , en quelque sorte , de végétaux utiles , propriétaire de la terre qu'il féconde , dispensateur des forces terribles du feu , sentant chaque jour son intelligence s'animer , son sentiment se vivifier , son empire s'étendre , fier de son pouvoir , se complaisant dans ses ouvrages , enivré de ses jouissances , rempli de son bonheur , élevant vers le ciel son front majestueux , agitant avec vivacité ses membres vigoureux , cédant à la joie , à l'espérance , au transport qui l'entraîne , l'homme maintenant manifeste , dans toute leur plénitude , des mouvemens intérieurs qu'il ne peut plus contenir. Il exhale, pour ainsi dire, le plaisir qui l'enchante. Il s'élance, bondit, retombe , s'élance encore , retombe de nouveau. Pour prolonger cette vive expression du délire fortuné auquel il s'abandonne, pour que la fatigue en abrège le moins possible la durée , il met de la régularité dans ses efforts , de l'égalité dans les intervalles qui séparent ses pas , de la symétrie dans ses gestes ; et le contentement qu'il éprouve étant bientôt partagé dans toute son étendue par sa compagne et par ses fils , la première danse régulière a lieu sur la terre. Des paroles touchantes l'accompagnent ; elles sont proférées avec l'accent de la sensibilité. Des sons articulés, ne suffisent plus à la situation qui inspire l'homme , ses fils et sa compagne ; la voix est plus soutenue , élevée et rabaissée avec promptitude, portée au-delà de grands intervalles ; les paroles et les tons successifs sont nécessairement divisés par portions symétriques, comme la danse à laquelle ils s'unissent; et le premier chant est entendu, et la poésie naît avec le chant.

Dans des momens plus calmes , cette poésie enchanteresse exerce , sans le secours de la danse , son influence douce et durable. Fille alors de passions plus profondes, de sensations plus compliquées, d'affections plus variées, l'air auquel elle s'allie et qu'elle empreint de sa nature, est déjà la véritable musique à laquelle on devra tant de momens de paix, tant de peintures consolantes, tant de sentimens généreux. L'homme a recours à ces deux sœurs magiques pour lier le bonheur du passé au bonheur du présent, pour raconter à ses fils attentifs les jouissances qu'il a éprouvées, les travaux qu'il a terminés, les courses qu'il a faites, les succès qu'il a obtenus, les inventions dont il s'est enrichi, les grands événemens physiques dont il a été le témoin; et l'histoire commence. Il veut de plus en plus perpétuer le souvenir de ces événemens, de ces inventions, de ces succès, de ces courses, de ces travaux, de ces jouissances : il prend la hache primitive et les autres instrumens qui lui ont été si utiles ; il attaque le bois ou la pierre; il les taille en figures grossières, en images imparfaites des objets qui remplissent son esprit ou son cœur. Il cherche à ajouter à ces monumens incomplets, en donnant à la pierre ou au bois la couleur des sujets de sa pensée ou de ses affections ; et voilà la première écriture hiéroglyphique, qui donne naissance à la sculpture, à la peinture, à l'art admirable du dessin.

De nouveaux plaisirs, de nouveaux besoins, de nouvelles idées, fruits nécessaires des rapports nombreux que fait naître la multiplication toujours croissante de l'espèce humaine, à mesure que ses qualités s'améliorent et que ses attributs augmentent; des combinaisons plus variées, des sensations plus vives, une mémoire plus exercée, une imagination plus forte, une prévoyance plus active, une curiosité d'autant plus grande qu'elle est fille d'une intelligence plus étendue et d'une instruction plus diversifiée; la réflexion, la méditation même que produit le loisir amené par l'assurance d'une subsistance facile; le désir d'échapper à l'ennui, cet ennemi secret, mais terrible, qui paroît pour la première fois, et qu'éveille un repos trop prolongé; toutes ces causes puissantes et à chaque instant renouvelées portent l'attention de l'homme sur tous les objets qui l'environnent, sur ceux même qui

n'ont avec lui que des relations éloignées, et qui en sont séparés par de grandes distances. Il commence à vouloir tout
connoître, tout évaluer, tout juger. Déjà il compare les poids,
rapproche les dimensions, estime la durée, distingue les productions naturelles qui l'entourent, vivantes ou inanimées,
sensibles comme lui, ou seulement organisées; porte ses regards dans l'immensité des espaces célestes, contemple les
corps lumineux qui y resplendissent, observe la régularité et
la correspondance de leurs mouvemens, fait de leurs révolu-
tions la mesure du temps qui s'écoule; cherche à deviner les
vents, les pluies, les orages, les intempéries qui détruisent
ou favorisent ses projets; voit la foudre des airs ou la flamme
des volcans fondre et faire couler en différentes formes les ma-
tières métalliques dont les propriétés peuvent l'aider dans ses
arts, imite ces utiles procédés par de grands feux qu'il allume;
et, conduit par le hasard ou par l'instinct des animaux, cherche dans les sucs des plantes salutaires un remède plus ou moins
assuré contre l'affoiblissement de ses forces, le dérangement
de son organisation interne, l'alternative cruelle d'un froid
rigoureux qui le pénètre et d'une chaleur intérieure qui le
dévore, l'altération toujours plus dangereuse d'humeurs funestes qu'il recèle, les blessures qu'il reçoit, les plaies qui leur
succèdent.

Cependant des secousses inattendues agitent et ébranlent,
pour ainsi dire, jusque dans ses fondemens, la terre sur laquelle il repose. Une force inconnue soulève l'Océan, et l'é-
tend jusqu'aux montagnes dont les hauts sommets s'entr'ou-
vrent avec fracas et vomissent des torrens enflammés. Des
vents impétueux, des nuages amoncelés, des foudres sans
cesse renaissantes, rendent plus violens encore les horribles
combats du feu, de l'eau et de la terre. Le ravage, la destruction, la mort, menacent l'homme de tous côtés. Ils l'inves-
tissent : la terreur le saisit. D'anciennes conjectures, d'anciennes affections, se réveillent dans son âme. L'espérance et
la crainte présentent à son imagination l'image d'une puissance supérieure à l'épouvantable catastrophe qui s'avance,
pour ainsi dire, sur l'aile des vents. Il prie; et lorsque le

calme est rendu à la terre, lorsque les feux sont éteints, les gouffres refermés, les ondes retirées, les nuages dissipés, un souvenir mélancolique lui reste. Il prie encore. La consolation, l'espoir, la confiance, descendent dans son âme. Il voit un père dans l'auteur de tout ce qui existe.

Tout son être a reçu une commotion profonde. Une activité d'un nouveau genre, une prévoyance plus attentive, une prudence presque inquiète, donnent une impulsion plus forte à ses pensées, à ses sentimens. Il examine de plus près ses rapports avec ses semblables. Ce qu'il leur doit, ce qu'il se doit, son intérêt, le leur, se dévoilent de plus en plus à ses yeux. Des idées de bienveillance mutuelle, de secours présens, de ressources à venir, de communications, d'échanges, de commerce, de propriété, de sûreté, de garantie, d'ordre général, d'économie privée, d'administration publique, se présentent, se combinent, s'améliorent, s'agrandissent, s'épurent.

L'écriture hiéroglyphique ne suffit plus à des rapports fréquens et variés. Des signes peu nombreux, et propres, par leurs diverses réunions, à noter avec promptitude et facilité tous les accens de la voix, toutes les expressions de la pensée, remplacent les hiéroglyphes.

Et comme le temps n'est rien pour la Nature, comme il n'est rien pour l'intelligence qui l'admire, comme nous n'offrons pas l'histoire des individus, et que nous ne cherchons qu'à présenter le tableau de celle de l'espèce, franchissons des siècles, rapprochons-en d'autres, et hâtons-nous de dire qu'à l'instant où cette nouvelle écriture put être en quelque sorte multipliée, sans limites de durée ni d'espace, par le moyen de l'imprimerie, tous les arts, tant ceux qui ont la beauté pour objet, que ceux que l'on a nommés mécaniques ou chimiques, toutes les sciences, celles surtout auxquelles on doit le plus grand développement de l'esprit, l'analyse et l'algèbre, s'étendant par des progrès rapides et merveilleux, précipitèrent l'espèce humaine vers la perfection qui l'attend.

Quelle puissance que celle de cette espèce, développant, par sa propre force, toutes les facultés qu'elle a reçues de la Nature ! quelles victoires que les siennes ! Elle a tout asservi.

Dominateur, lorsqu'il réagit sur lui-même, de tous les sens, de l'imagination, de la volonté ; conquérant, hors de lui, des terres, des pierres, des métaux, des plantes, des animaux, des mers, du feu, de l'air, de l'espace, du passé, de l'avenir : voilà l'homme.

Ah! pourquoi a-t-il abusé de son pouvoir auguste? Pourquoi ses passions, qui ne devoient que hâter sa félicité, l'ont-elles condamné au malheur, en le dévouant aux tourmens de l'envie? Funestes rivalités des individus, vous avez produit les crimes. Funestes rivalités des nations, vous avez enfanté la guerre. Quel tableau que celui des fléaux qu'elle entraîne ! l'industrie détruite, les champs ensanglantés, la famine hideuse engendrant la peste dévastatrice........ Détournons nos regards ; gémissons sur la dure nécessité qui réduit la vertu même à protéger ses droits ; admirons les héros qui défendent leur patrie ; admirons, chérissons encore plus la sagesse qui donne la paix.

Quatre races principales occupent cependant la surface du globe. La première est celle des Arabes, des Abissins, des Maures, des Persans, des habitans indigènes de la presqu'île de l'Inde, des Turcs, des Circassiens, des Grecs, des Germains, des Français, et de presque tous les Européens. Dans cette variété de l'espèce humaine, le visage est ovale ; le nez est proéminent ; l'angle nommé facial, dont l'ouverture, en indiquant la saillie du crâne relativement à celle des mâchoires, paroît annoncer la supériorité de l'intelligence sur les appétits grossiers, est de quatre-vingt-dix degrès, et se rapproche le plus de celui que le génie des plus habiles sculpteurs de l'antiquité a cru devoir donner à la beauté parfaite, et particulièrement à la beauté céleste.

La seconde race est celle des Mongols, des Mantchéoux, des Kalmouks ou Eleuths, des Chinois, des Japonais, des Thibétains, de plusieurs peuples de l'Inde qui vivent au-delà du Gange, et de ceux qui ont remplacé dans la grande Péninsule Indienne, et dans plusieurs pays voisins, à des époques plus ou moins reculées, les habitans de ces contrées, issus de la race arabe-européenne, nommée aussi la race du Cau-

vase. Les caractères de cette race consistent dans un front
pla , des yeux placés obliquement, un nez petit, des joues
saillantes, de grosses lèvres, un angle facial moins ouvert que
celui des Européens, et par conséquent plus éloigné de celui
que la poétique imagination des Grecs a supposé dans leurs
divinités.

Les hommes de la troisième race habitent sur les côtes occidentales , méridionales et orientales de l'Afrique , depuis le
Sénégal jusques à la mer Rouge. On les reconnoît à leur front
plat, à leur nez épaté, à leurs joues proéminentes, à leurs
mâchoires saillantes, à leur angle facial encore plus petit
que celui des Mongols.

Enfin , on voit dans le nord des deux continens, où la
Nature, comprimée, pour ainsi dire , par l'excès du froid,
est en quelque sorte rapetissée dans toutes ses dimensions,
les Lapons , les Samoïèdes , les Ostiaques , les Tchutchis, les
Groënlandais et les Esquimaux , dont le visage est très-plat,
le corps trapu, et la taille extrêmement courte.

Ces races , en se mêlant, ont produit de nombreuses variétés , dont les bornes que nous avons dû nous prescrire ne
nous permettent pas de parler.

On voudra savoir peut-être ce que sont ces Malais qui paroissent avoir peuplé la plus grande partie des îles de la mer
du Sud , et peut-être une grande portion du continent de la
Nouvelle-Hollande qu'environnent les eaux de l'immense
Océan Pacifique. On a cru pendant long-temps qu'ils étoient
une variété de la race des Mongols. Mais il faut les regarder
comme une émanation de celle des Arabes, des Maures et des
Indiens indigènes.

On voudra savoir encore si l'on doit considérer comme
une cinquième race principale les peuples à demi sauvages
de l'Amérique , et particulièrement ce qui reste des Mexicains et des Péruviens. Nous allons voir qu'il ne seroit peut-
être pas très-contraire à la vérité de supposer que les Péruviens et les autres peuples que l'on a trouvés dans l'Amérique
méridionale , lorsqu'on l'a découverte, tiroient leur origine
des Malais des îles de la mer du Sud , et que des individus de

la race mongole ont peuplé le Mexique et les autres contrées
de l'Amérique septentrionale.

Mais examinons auparavant les trois races arabe-européenne, mongole et africaine, sous un nouveau point de vue.
Selon qu'elles habitent sur des montagnes ou dans des plaines, près de vastes forêts ou sur le bord des mers, dans la
zone torride ou dans le voisinage des zones glaciales ; qu'elles
sont soumises à une chaleur excessive ou à une douce température, à la sécheresse ou à l'humidité, aux vents violens ou
aux pluies abondantes, et qu'elles reçoivent l'action de ces
différentes forces plus ou moins combinées, elles présentent
de grandes différences dans leur extérieur, et forment, par
la nature et la couleur de leurs tégumens, des sous-variétés
très-remarquables. Le tissu muqueux et réticulaire qui règne
entre l'épiderme et la peau proprement dite s'organise ou
s'altère de manière à changer la couleur générale des individus, la nature, la longueur et la nuance des cheveux et des
poils. La couleur générale est le plus souvent blanche dans
les pays tempérés et presque froids ; les cheveux y sont
blonds, très-longs et très-fins. Le blanc se change en basané,
en brun, en jaunâtre, en olivâtre, et même en noir très-
foncé, à mesure que la chaleur, la sécheresse, ou d'autres
causes analogues, augmentent; la longueur des cheveux di-
minue en même temps; leur finesse disparoît; leur nature
change ; ils deviennent cotonneux. Le climat de l'Amérique
a conservé à ces cheveux, même sous la zone torride, presque toute leur longueur : mais ils y ont perdu leur finesse ;
et si le blanc de la couleur générale n'y a pas été converti en
noir, il y a été remplacé par un rouge brunâtre, assez semblable à la couleur du cuivre.

Nous ignorons quelle est la plus ancienne de ces variétés ,
et par conséquent quelle est leur souche commune. Mais il
n'est peut-être pas inutile de faire observer que si nous devons admettre, relativement au premier état de la terre que
nous habitons, quelque hypothèse analogue à celles des Leibnitz, des Buffon, des Laplace, si nous devons supposer que
notre globe a été pénétré, lors de son origine, d'une chaleur

bien plus vive que celle à laquelle il est soumis depuis plusieurs siècles, l'espèce humaine a dû, à cette époque reculée, présenter sur toute la surface de la terre qu'elle a occupée, la couleur noire qu'elle ne montre, dans nos temps modernes, que vers les pays brûlés par un soleil ardent.

La race arabe-européenne habite les régions de *la mer d'Arabie*, de *l'Afrique septentrionale*, de *la mer de Perse*, de *la mer Caspienne*, du *Pont-Euxin*, de *la Méditerranée*, de *la grande péninsule européenne*, de *l'Europe occidentale*, et d'une très-grande partie de celle à laquelle nous avons donné le nom de *région du nord de l'Europe*.

La race mongole, dont les traits distinctifs présentent un front plat, un crâne très-peu proéminent, un nez petit, des yeux placés obliquement, des joues saillantes vers le haut et de grosses lèvres, est répandue dans une très-grande portion de la région du *nord de l'Asie*, et dans les régions de *la Chine*, de *l'archipel asiatique*, de *l'Inde*, et du *grand plateau d'Asie*.

La race africaine, que l'on reconnoît à son front aplati, à son crâne encore moins proéminent que celui de la race mongole, à son nez épaté, à ses joues saillantes, à ses mâchoires avancées, à ses lèvres relevées et épaisses, se trouve dans les régions de *l'Afrique orientale* et de *l'Afrique occidentale*.

Et enfin la race hyperboréenne, placée dans le nord des deux continens, où la Nature, enchaînée dans ses mouvemens, comprimée dans ses efforts, et rapetissée dans ses dimensions, est près, pour ainsi dire, d'expirer sous la puissance délétère d'un froid rigoureux, cette race si peu favorisée lutte contre les intempéries d'un climat funeste dans les portions les plus septentrionales des régions du *nord de l'Europe*, du *nord* de *l'Asie* et de *l'Amérique boréale*.

Ces races, en se mêlant, ont fait naître de nombreuses variétés dans lesquelles les caractères distinctifs des souches principales quelquefois sont assez conservés pour être reconnus ou du moins devinés, et d'autres fois sont confondus, altérés, ou effacés au point de ne laisser subsister aucun indice des tiges qui les ont produites.

Mais, indépendamment de ces différences qui dérivent de la diversité des proportions, chacune des quatre grandes races de l'espèce humaine est soumise, ainsi que nous l'avons dit, par la puissance du climat, à des altérations superficielles, mais remarquables et durables, desquelles résultent des variétés d'une autre sorte. Suivant qu'elles habitent des contrées voisines ou éloignées de la zone torride, basses ou très-élevées au-dessus du niveau des mers, unies ou hérissées de pics sourcilleux, dénuées de végétaux ou entourées de vastes forêts, arrosées par de larges fleuves ou surchargées d'un sable aride, chaudes ou froides, humides ou sèches, fertiles ou stériles, agitées par des vents impétueux ou abandonnées à de longs calmes, elles éprouvent dans leurs tégumens ces modifications que nous avons indiquées, et qui changent non-seulement les dimensions et les qualités de leurs poils, mais encore les nuances de leur couleur. Les différens degrés de ces changemens constituent dans chaque race autant de variétés qui diffèrent d'autant plus de celles auxquelles le mélange des races a donné le jour, qu'elles sont l'effet de l'influence de la terre et de l'air, et par conséquent l'ouvrage de la Nature, pendant que les autres, n'ayant existé que par la volonté de l'homme, sont les enfans de ses caprices, les résultats de ses goûts, ou les produits de ses combinaisons.

En examinant la race arabe-européenne, par exemple, aux différentes latitudes qu'elle occupe depuis le nord de l'Europe jusque vers le tropique du Cancer, nous la voyons montrer en Suède, en Danemarck, en Hollande, dans la Germanie, en Pologne, en Russie, une peau très-blanche, des yeux bleus, des cheveux très-longs, très-fins, et blonds ou couleur d'or ; présenter dans la Grèce, dans une grande partie de la France, et dans presque toute l'Italie, une peau blanche, mais dont les teintes sont relevées par des reflets foncés, des yeux bruns, des cheveux longs, mais noirâtres ; se distinguer dans l'Espagne méridionale, en Sicile, et dans une grande portion de l'Anatolie, de la Syrie et de la Perse, par un teint où les nuances brunes sont très-nombreuses, par des yeux noirs, et par des cheveux noirs et un peu gros ;

joindre à ces derniers traits, dans la Barbarie, l'Egypte et l'Arabie, des cheveux grossiers et une peau très-basanée ; et enfin offrir dans l'Abissinie presque tous les effets de l'influence d'une chaleur excessive sur la peau, les poils, et leur couleur.

En suivant également la race mongole depuis le nord de la Chine et les bords de la Léna jusqu'aux îles de l'archipel de l'Inde, situées sous la ligne équatoriale, nous voyons toutes les nuances comprises entre le blanc et le noir, et tous les degrés de briéveté, de grosseur, de rudesse ou de mollesse, que l'altération des poils peut produire, indiquer, pour ainsi dire, les divers parallèles par lesquels on traverse la chaîne de hautes montagnes qui règne depuis les environs du lac Baïkal jusqu'à la Manche de la Tartarie, le haut Ségalien, la Tartarie chinoise, les provinces septentrionales de la Chine, les provinces méridionales de ce grand empire, le Tonkin, la Cochinchine, le Camboye, et les Moluques.

La race africaine présente des dégradations analogues, à mesure qu'on s'éloigne, par exemple, du cap de Bonne-Espérance, pour s'approcher du tropique du Capricorne, et ensuite de la ligne équinoxiale, ou que, traversant le désert de Sahra, on s'avance vers le tropique du Cancer et la ligne équatoriale, ou enfin que, quittant les rivages de la mer, dont les vapeurs tempèrent la chaleur de l'atmosphère et modifient ses effets, on s'enfonce dans ces vastes portions de l'intérieur de l'Afrique qui, séparées des bords de l'Océan par des centaines de lieues, sont néanmoins à peine plus élevées que ces côtes maritimes, et, au lieu de se recourber en montagnes exhaussées propres à retenir et condenser une humidité rafraîchissante, s'étendent en immenses plaines d'un sable aride et brûlant, sur lesquelles l'ardeur des rayons du soleil exerce un empire que rien ne modère et que rien ne limite.

A la vérité, les variétés de couleur et les autres altérations superficielles que montre cette race africaine, sont bien peu nombreuses, relativement à toutes celles qu'offrent la race arabe-européenne et la race mongole ; elles ne composent

qu'une série assez courte, dont le noir très-foncé occupe
une extrémité, pendant qu'on ne voit à l'autre bout qu'un
brun plus ou moins olivâtre ou jaunâtre : mais il est aisé de
donner la raison de cette différence. La race arabe-européenne est étendue sur le globe, depuis les environs de la
mer de Laponie ou du cercle polaire, jusque dans l'Abissinie, au-delà du 15e. degré ; la race mongole habite depuis
les rives de la Léna et les vallées où ce fleuve, qui vient
d'arroser Iakoutsk, passe sous le 69e. parallèle, jusqu'à la
ligne équinoxiale et au-delà. La première est donc soumise
à la puissance du climat le long d'un arc de méridien de plus
de 50 degrés, et la seconde est modifiée par cette grande influence le long d'un arc de 65 degrés, pendant que la race
africaine, établie sous la zone torride, dépasse à peine vers
notre pôle le tropique du Cancer, ne peut aller vers le pôle
antarctique que jusque vers le cap de Bonne-Espérance, ou
le 35e degré de latitude australe ; et par conséquent l'arc de
méridien le long duquel on pourroit compter les variétés de
sa peau, de ses cheveux et de sa couleur, et dont l'équateur
est nécessairement le terme, n'a que 35 degrés, si on l'éva-
lue dans l'hémisphère antarctique, et 25 ou 30, si on le
mesure dans l'hémisphère boréal.

Quant à la race hyperboréenne, qui ne s'est montrée
qu'aux environs du cercle polaire, elle n'a pas pu présenter
une série plus ou moins étendue d'altérations de couleur,
puisqu'elle a toujours été exposée à un climat presque également rigoureux.

Au reste, si les lois de la Nature que nous venons d'ex-
poser paroissent interrompues dans certaines contrées, et
lors même qu'on écarte des objets de ses considérations les
résultats des alliances d'un peuple avec un autre, c'est principalement dans les pays très-civilisés qu'on doit observer ces
exceptions apparentes. Avec quel succès l'art de l'homme ne
peut-il pas en effet contre-balancer l'influence des climats !
Que ne peuvent pas, contre les effets naturels de la chaleur
et du froid, de la sécheresse et de l'humidité, l'intelligence
et l'industrie humaine, abattant ou plantant des forêts, ame-

nant ou détournant les eaux , perfectionnant les vêtemens ,
disposant de l'élément du feu , améliorant les alimens , adap-
tant aux besoins de chaque saison les asiles stables qu'elles
ne cessent d'élever , donnant au voyageur des abris mobiles ,
et combattant la Nature par sa propre force , qu'elles ont ap-
pris à diriger dans le sens le plus contraire à sa tendance
primitive !

Le tableau des produits généraux de cette intelligence ,
dans chacune des races de l'espèce humaine , est le complément nécessaire de leur histoire. Et en effet , parmi tous les
êtres vivans et sensibles , l'art de l'espèce est sa nature. L'industrie qu'elle ne doit qu'à elle-même, celle qu'elle n'a reçue
d'aucune espèce étrangère , est le perfectionnement de ses
attributs naturels. On n'auroit qu'une idée bien imparfaite
de son essence , si l'on ignoroit jusqu'où peut aller le développement de ses facultés. L'usage que chacune des races de
l'espèce humaine a fait des qualités que la Nature lui a dépar-
ties , doit donc être l'objet des travaux de leur historien ; il
doit tâcher d'en donner une image fidèle. Et si nous sommes
obligés de renvoyer à nos *Ages de la Nature* le grand tableau
de l'accroissement successif de leurs facultés naturelles , tâchons de tracer les principaux traits de l'état auquel chaque
race est parvenue , en déployant les forces qu'elle a eues en
partage.

Commençons par la race mongole. Ne jugeons pas de ses
qualités par celles qui appartiennent à quelques branches de
cette grande tige étendues d'un côté jusque dans les iles de
l'archipel asiatique , et de l'autre jusque dans les terres in-
cultes de l'Asie comprises entre le 4o°. et le 6o°. parallèles.
N'évaluons pas ces qualités distinctives d'après les facultés
peu développées de quelques peuplades des Moluques, des
Philippines, ou des îles voisines, qui vivent presque unique-
ment du produit de leur chasse et de leur pêche, ou d'après
le génie et les mœurs de ces tribus de Tartares qui, entourées de nombreuses troupes d'animaux domestiques, errent
sans cesse dans d'immenses contrées voisines du sud de la Sibérie. Voyons la race mongole dans la Chine. Observons-la

sur les bords du Gange, ainsi que dans la grande presqu'île•
de l'Inde, dont elle cultive depuis si long-temps les campagnes fertiles ; et considérons-la pure de tout mélange avec
la race étrangère qui est venue plus d'une fois la combattre,
la vaincre et l'altérer.

La terre, remuée par ses mains dans ses climats heureux
où le soleil déploie ses influences les plus bénignes, et où des
inondations périodiques couvrent les champs d'un limon fé-
condant, a bientôt fait naître un assez grand nombre de productions utiles, non-seulement pour que les besoins des divers
habitans de ces contrées favorisées aient été satisfaits par les
échanges multipliés du commerce intérieur, mais encore
pour qu'un superflu considérable cédé à une race étrangère,
pour des substances agréables ou précieuses, ait établi un
commerce extérieur dont les progrès s'accroissant chaque
jour ont donné un nouvel essor et à l'esprit d'industrie, qui
multiplie ou façonne les objets recherchés, et à l'esprit de
combinaison et de prévoyance, qui en rend les échanges plus
fréquens et plus avantageux.

Les principes qui dirigeoient ces relations commerciales ont
été même dignes de nations sages et éclairées. Les Mongols
ont su que tout négoce est fondé non-seulement sur l'industrie, mais encore sur la prospérité de l'art qui cultive la
terre; et pendant qu'à la Chine le chef du peuple s'est toujours honoré de descendre de son trône pour conduire, au
milieu d'une pompe solennelle, la charrue vénérée, le labou-
reur de l'Inde, traçant ses sillons et y déposant la semence
précieuse, ou recueillant la moisson que son labeur avoit
fait naître, étoit un objet sacré devant lequel s'abaissoit la
puissance des armes, et que respectoit la fureur des combats.

D'autres arts de la race mongole sont attestés et par les
étoffes peintes qu'elle a fabriquées, et par ces immenses monumens creusés dans les rochers, que l'on parcourt auprès
de Bombay avec tant d'étonnement et d'admiration, et par
les sculptures qui décorent ces vastes souterrains, et par les
grandes pagodes qui élèvent leurs tours éclatantes sur tant de
monts ou auprès de tant de rivières de la Chine et de l'Inde,

et par des ornemens recherchés , exécutés sur l'ivoire ou sur des métaux, et par des pierres dures, gravées avec habileté.

Voulons-nous savoir jusqu'à quel degré sa sensibilité et son intelligence réagissant l'une sur l'autre , augmentant leurs forces , et multipliant leurs heureux résultats, ont porté le plus beau et le plus difficile des arts d'imitation ? Nous trouvons dans les traductions publiées par le célèbre Anglais M. Jones, le drame indien et historique intitulé *Sacontala* , qui , par la nature du plan , la grandeur des conceptions, la vérité des caractères , la vivacité des images , et le pathétique des sentimens , rappelle les pièces historiques que l'Europe moderne doit à l'immortel Shakespear.

Si , d'après l'ouvrage publié à Londres par **M. J. Hager,** nous devons croire que les Chinois n'ont d'abord eu pour leur écriture que des cordes nouées comme celles que l'on a trouvées au Mexique lors de la découverte du nouveau monde, n'ont-ils pas remplacé ces cordes par soixante-quatre caractères primitifs qu'ils ont obtenus en multipliant huit figures fondamentales les unes par les autres ? n'ont-ils pas vu succéder à ces signes les caractères cursifs de *Kong-fu-tsu* ? n'ont-ils pas adopté ensuite ceux dont ils se servent aujourd'hui ? et ne jouissent-ils pas des admirables effets de l'art d'imprimer ces caractères , au lieu de les écrire ?

Lorsque l'intelligence a été très-perfectionnée par ses efforts sur elle-même, et par tous les secours qu'elle reçoit de la sensibilité, elle se sépare, pour ainsi dire, de cette dernière faculté ; elle s'isole ; elle opère seule. Dans ces actes en quelque sorte indépendans , elle se réfléchit de nouveau sur elle-même, et donne naissance à la métaphysique , à la logique , aux sciences qui ont pour objet les opérations de l'entendement ; ou elle contemple les objets extérieurs, les rapports qui les lient, les phénomènes qu'ils produisent, les causes qui les régissent ; et elle crée les sciences naturelles.

Tous ces degrés de perfectionnement ont appartenu à la race mongole.

Maintenant que la constance des Européens qui se sont

consacrés dans l'Inde aux progrès des connoissances humaines, et particulièrement les efforts des membres de l'illustre société de Calcutta, ont triomphé de la répugnance des brames à communiquer les dépôts littéraires dont ils sont les gardiens, on sait que les ouvrages de la race mongole renferment l'exposition d'une théorie assez avancée sur les opérations de l'esprit, et de l'art d'analyser, de comparer, d'évaluer, d'ordonner les idées de manière à produire des raisonnemens justes, et à faire parvenir à la découverte de la vérité.

La métaphysique peut égarer, comme trop peu perfectionnée, lorsqu'elle ne s'allie pas avec les sciences positives qui rectifient sa route. Les savans de la race mongole ont cultivé avec un grand succès les sciences mathématiques.

En effet, le perfectionnement de l'arithmétique suppose toujours ou produit nécessairement celui des autres branches des mathématiques ; et la race mongole, après avoir connu une manière de compter, de chiffrer, et de nommer les *signes* des nombres, assez semblable à celle des Romains, a joui des bienfaits de l'arithmétique décimale, qu'elle a transmise aux Arabes, et, par eux, aux habitans de la grande péninsule européenne, qui l'ont communiquée au reste de l'Europe.

Les progrès de l'astronomie ont été les mêmes chez cette race orientale que ceux des mathématiques proprement dites ; et au commencement de l'ère qu'elle a nommée *ère du calyougham*, elle a possédé des tables astronomiques presque aussi parfaites que celles dont l'Europe moderne s'est servie pendant long-temps, et d'après lesquelles on pourroit croire que les lois de la gravité, découvertes par le grand Newton, ne lui étoient pas inconnues.

Pourroit-on penser que la physique particulière ou la chimie n'éclairoit pas ses travaux, lorsque nous lisons dans Pline de quelle beauté étoient la couleur bleue qu'ils donnoient avec de l'indigo aux étoffes de coton, et la couleur rouge dont ils les peignoient avec de la gomme laque ?

De plus, sir W. Jones nous apprend que cette race mongole a promulgué un code civil dont on peut comparer l'étendue, l'arrangement, la prévoyance et la clarté, à ceux du code célèbre composé par les ordres de Justinien, et qui, après avoir régi l'empire romain, régit encore une si grande partie de l'Europe.

Mais les idées politiques de cette race asiatique ne se sont pas élevées plus haut. Elle a consacré le servage de presque toute une nation comme à la Chine, ou de castes entières, comme dans l'Inde ; elle a méconnu ces droits des enfans et des femmes, que le sentiment seul révéleroit à la raison : elle n'a su modérer le despotisme des chefs que par celui des guerriers, ou des ministres de son culte ; le noble sentiment de la liberté ne l'a point animée.

On seroit tenté de croire que la Nature a refusé à l'intelligence et à la sensibilité de cette race la plénitude des dons qu'elle a répandus sur l'espèce humaine en général : on voudroit rechercher la cause de cette sorte d'exhérédation remarquable ; mais voyons plutôt, dans cette privation d'un des plus beaux apanages de l'homme, l'effet de quelques-unes des idées religieuses sous lesquelles elle a consenti à humilier sa raison enchaînée dès les temps les plus reculés.

Je sais que, sur toute la surface du globe, les peuples encore peu éloignés de l'état sauvage reconnoissent autant de dieux que de causes particulières de tous les grands phénomènes qui les frappent ; que chacun des fléaux qui les effraient les oblige à admettre une divinité particulière ; qu'ils en créent non-seulement pour les orages et les inondations, mais encore pour la guerre, la famine et la peste ; qu'en conséquence presque tous les peuples de la race mongole, et particulièrement les Indiens, ont eu les mêmes dieux que les Grecs, si renommés par leur génie ; qu'ils leur ont assigné les mêmes fonctions ; qu'ils les ont investis du même pouvoir ; qu'ayant, dans le commencement de leur réunion en corps social, à peu près les mêmes mœurs que les premiers Grecs, et l'histoire des dieux n'étant que celle des habitudes de la nation qui les invente, ils ont attribué à leurs divinités les mêmes actions que les habitans de la Grèce attribuvoient à celles qu'ils adoroient ; que, si la crainte a fait les dieux chez les peuples ignorans, la reconnoissance leur élève des autels chez les peuples éclairés ; que les Mongols, avancés dans la civilisation, ont perfectionné leur système religieux, comme les Grecs ont épuré le leur à mesure qu'ils ont été plus près des beaux jours de leur gloire ; qu'ils ont purifié, en quelque sorte, leurs opinions mythologiques ; qu'élevant leurs pensées au-dessus d'une théogonie vulgaire, ils sont parvenus, comme les philosophes les plus illustres d'Athènes, à une idée sublime de l'être des êtres ; que leur *Baghvat-geeta*, après avoir représenté ce dieu des dieux comme immatériel, invisible, incompréhensible, éternel, pouvant tout, sachant tout, présent partout, offre cet abandon de confiance et d'amour, cette effusion de tous les sentimens que la Nature inspire, cette expression si tendre qui rappelle la prière touchante que l'Europe adresse au Très-haut depuis dix-huit siècles : *Grand Dieu, tu me pardonneras, tu me supporteras, tu me soutiendras comme un père son fils, un ami son ami, un amant sa bien-aimée.*

Mais je sais aussi que l'ambition hypocrite de quelques hommes a dénaturé l'ouvrage de la tendresse reconnoissante des Mongols ; qu'abusant de la crédulité de la multitude, elle a conservé la férocité de l'état sauvage au milieu des vertus de la civilisation ; qu'elle a, dans le commencement de son empire, fait couler le sang des animaux, et même celui de l'homme, autour des autels des Indiens, comme dans plusieurs des sanctuaires des Arabes-européens, des Africains, et des habitans de nouveau monde ; qu'après avoir ainsi régné par la terreur, soumettant à son autorité les monarques eux-mêmes, se réservant le domaine des sciences et des arts, l'environnant d'un voile mystérieux qu'elle seule pouvoit lever, et se plaçant ainsi au-dessus de tout, elle a prononcé pour les Indiens l'arrêt terrible qu'elle a dit émané du ciel, et qui les enchaîne, depuis tant de siècles, dans ces castes dégradées dont aucun individu ne peut espérer de franchir les barrières [1].

---

[1] On peut consulter, relativement à ce que nous venons de dire de la

Une autre idée religieuse dont l'empire a été immense, celle de la métempsycose, est venue cependant se réunir à toutes les influences d'un climat prospère, pour entretenir dans les cœurs des Mongols les vertus douces et les sentimens affectueux. Ses effets ont été augmentés par la pente naturelle des Mongols vers la volupté, qui, différente du plaisir, et se composant de jouissances profondes et prolongées, plutôt que de sensations vives et rapides, n'existe que par la paix, le repos et le calme ; et la raison rectifiant cette tendance, purifiant ces sentimens, et ennoblissant ces opinions, la morale a été maintenue, et même améliorée à un tel degré, que non-seulement cette race très-douce a été aussi très-juste, mais encore qu'elle a connu les maximes du véritable stoïcisme.

De cet ensemble de qualités et du degré de leur développement, il est résulté que la portion la plus civilisée de cette race mongole, celle qui habite l'Inde et la Chine, a été vaincue par les armes d'autres Mongols plus endurcis aux fatigues de la guerre, ou conquise par celles d'une race étrangère, et que cependant elle n'a perdu que momentanément le bonheur public auquel elle avoit pu déjà parvenir. Elle a triomphé de ses vainqueurs non-seulement par la bonne circonscription de son territoire [1], mais encore par ses mœurs, ses lumières, ses lois, ses usages ; elle les a soumis par la puissance irrésistible de l'opinion, et par le charme d'une condition meilleure.

Si nous jetons maintenant les yeux sur la race africaine, nous la voyons favorisée par la fertilité du territoire, le voisinage des mers, la disposition des fleuves, l'abondance du

---

religion de la race mongole, les ouvrages d'Abul-Fazel, ministre de l'empereur des Indes *Akbert ;* les *Heeto-Pades ,* ou *Fables indiennes,* publiées par ce même ministre ; *la Porte ouverte* de Roger ; le *Voyage de Sonnerat,* celui de Legentil ; les *Recherches de la société asiatique,* les manuscrits de Commerson déposés au Muséum d'histoire naturelle, les ouvrages d'Anquetil , etc. etc. etc.

[1] Voyez un mémoire que j'ai publié dans la *Décade philosophique ,* en 1796, sur les limites naturelles des nations.

gibier, la facilité de la pêche, la fécondité des troupeaux, la bonté des fruits, la beauté des forêts, la variété des végétaux.

Resserrée, à la vérité, dans certains endroits, par des déserts immenses, stériles et brûlans, elle est souvent forcée de lutter contre l'excès d'une chaleur dévorante, la griffe terrible d'animaux puissans, féroces et sanguinaires, la dent venimeuse ou la force redoutable de serpens démesurés, les dards aigus de légions innombrables d'insectes : mais elle a le chameau et le dromadaire pour traverser l'affreuse solitude de sables nus et ardens; mais le feu, dont elle dispose, peut élever autour d'elle un vaste rempart que ne peuvent franchir ni les myriades d'insectes dévastateurs, ni aucun des animaux carnassiers dont elle pourroit craindre les armes.

Et cependant, dans les contrées africaines que l'on a déjà découvertes, et même dans celles que Mungo-Park a visitées ou décrites, on trouve des nations qui chassent, pêchent, élèvent des troupeaux, cultivent des champs, fabriquent quelques étoffes, emploient quelques teintures, tissent quelques claies, façonnent des ustensiles, aiguisent des lances, construisent des maisons, creusent des canaux, domtent des animaux utiles, établissent des villages, bâtissent des villes, échangent les produits de leurs travaux, connoissent une subordination politique, suivent des idées religieuses, et sont douées de cette sorte d'éloquence ou de talent poétique qui exprime avec force quelques mouvemens de l'âme, simples dans leur essence, naturels dans leur origine, violens dans leurs effets. Mais que pouvons-nous dire de leurs arts d'agrément, de leur dessin, de leur peinture, de leur sculpture, de leur architecture, de leur musique, de leurs langues, de leur métaphysique, de leur habileté dans les sciences mathématiques ou naturelles, de leur politique, de leurs rapports civils, de leur gouvernement, de leur mythologie, de leur culte, de leur morale ? que possèdent-elles de ces grands objets, sans lesquels il n'est pour l'homme ni dignité ni bonheur ? que sont-elles ces nations qui, depuis des milliers d'années, vivent sur les bords des fleuves africains ?

Dénuées encore de la faculté de concevoir avec force, de réfléchir avec persévérance, de comparer avec discernement, de raisonner avec profondeur ; privées de moyens réguliers de communiquer, et par conséquent de conserver, de perfectionner et de multiplier leurs pensées ; ne jouissant pas même des vrais élémens des sciences, sans lesquelles nous ne pouvons ni évaluer les rapports des quantités, ni distinguer les propriétés des êtres qui nous environnent ; divisées en esclaves avilis et en maîtres barbares ; ne connoissant ni liberté ni propriété ; n'ayant jamais senti l'influence féconde du génie de l'industrie ; n'ayant jamais retenu des religions dont on leur a présenté les dogmes, que les résultats de la superstition la plus puérile, ou de la terreur la plus sanguinaire ; étrangères aux principes d'une morale épurée ; tourmentées par des guerres sans cesse renaissantes, ne voyant au-delà de la défaite que l'esclavage ou la mort, elles n'ont, pour supporter le poids du sort le plus misérable, que la puissance de l'habitude, la beauté du pays, l'attachement au rivage sur lequel on est né, le charme de quelques momens de repos, d'oubli du passé et d'imprévoyance de l'avenir, les liens si doux de la famille, et cet amour consolateur que les plus infortunés éprouvent souvent avec le plus de constance et de vivacité.

Ah ! nous n'avons pas besoin de le dire : l'ignorance tenoit leurs têtes courbées, lorsque leur agrégation commença. Un intérêt éclairé ne forma pas leurs réunions ; la massue pesante de la force les contraignit à se rassembler en troupes dociles : la sagesse ne leur proposa pas des lois ; la tyrannie leur donna des ordres ; et leurs facultés, arrêtées dans leurs développemens, sont encore enchaînées.

La race hyperboréenne n'a pas gémi sous la cruelle tyrannie de l'homme. Mais, si elle n'a cédé qu'à un despotisme moins funeste, elle a obéi à une puissance plus irrésistible : elle a plié sous la nécessité ; la rigueur du climat sous lequel elle vit a exercé sur elle un grand empire. Au milieu de ses longs hivers, de ses frimas, de ses neiges, de ses glaces éternelles, elle a péniblement chassé, pêché, rassemblé ses rennes, construit ses traineaux, préparé ses peaux, ramassé de rares combustibles pour échauffer ses huttes enfumées, échangé ses fourrures contre quelques boissons, quelques ustensiles, quelques instrumens grossiers. Voilà ses arts, son industrie, son génie ; mais elle a eu des vertus, la paix, et peut-être le bonheur.

Cependant quelle brillante destinée ne doit pas la race arabe-européenne aux lumières de ceux qui ont dirigé ses efforts ?

Veut-elle se livrer à la chasse ou à la pêche ; elle emploie les instrumens les plus propres à lui donner des succès faciles ; elle s'associe les animaux les plus courageux, les plus dociles, les plus aimans ; elle établit le concert de volontés le mieux entendu ; elle traverse le globe, elle va vers les deux pôles, et dans les profondeurs des vastes forêts, et au milieu de montagnes de glace agitées sur la surface des mers par de noires tempêtes, poursuivre, combattre et vaincre les objets de ses désirs.

Nourrit-elle des troupeaux, cultive-t-elle ses champs ; elle perfectionne et métamorphose en une science féconde l'art d'élever les animaux domestiques, et celui de contraindre tous les élémens à multiplier les produits de la terre.

Et si, au lieu de nous borner à jeter les yeux sur quelques-uns des pays habités par cette race arabe-européenne, et sur quelques époques de son histoire, nous continuons de saisir l'ensemble des grands résultats produits par le développement de ses facultés, nous la voyons parler les langues les plus riches, les plus régulières, les plus sonores ; élever d'immenses monumens ; chanter l'Iliade, l'Odyssée et l'Enéide ; donner la vie au marbre et à la couleur ; faire descendre de l'Olympe dans ses temples, sur ses théâtres, dans ses fêtes, et jusque dans ses paisibles demeures, la touchante mélodie et l'harmonie céleste ; perfectionner ou inventer tous les arts et toutes les sciences ; trouver, dans une habile répartition des travaux, l'économie du temps et l'accroissement de l'adresse ; se donner, par des méthodes admirables et par des formules savantes, heureux résultats des conceptions les plus ingénieuses, des moyens sublimes d'analyser avec exactitude et de comparer avec justesse, non-seulement les propriétés de toutes les productions de la Nature, mais encore les opérations les plus délicates de l'entendement et tous les rapports possibles des êtres ; présenter une industrie qu'aucune limite n'arrête, et qui, multipliant sans cesse les richesses, tend toujours cependant à les distribuer de la manière la moins inégale ; reconnoître les droits naturels et sociaux de chacun de ses enfans ; créer des institutions pour garantir ces droits ; rechercher les relations des différentes formes de gouvernement avec la prospérité intérieure et la sûreté du dehors ; admettre la morale la plus pure ; porter la vertu jusqu'à l'héroïsme le plus généreux ; se vouer à l'opinion religieuse qui ne permet de voir dans tous les hommes que les fils bien-aimés du meilleur des pères, et dans un ennemi, qu'un frère qu'il faut pardonner et chérir; établir, par le secours de l'imprimerie, cette diffusion de lumières qui rend les connoissances de tout genre le domaine de tous. Toujours vive, toujours active, toujours spirituelle, toujours embrasée du feu du génie, du sentiment et du talent, plus perfectible, ou du moins plus perfectionnée que toutes les autres, elle combine, invente ou découvre sans cesse, partout où elle a pu échapper aux entraves de l'autorité arbitraire ; elle cherche avec avidité le bonheur, en jouit avec enthousiasme, brûle de le répandre; communique, à des époques très-reculées, avec les Mongols par l'Inde, et avec les Africains par l'Egypte, le Zanguebar et le Mozambique; affronte bientôt toutes les mers, et parcourt, éclaire ou conquiert le monde, sans avoir jamais été subjuguée par une race étrangère.

Mais des quatre races qui se sont répandues sur la surface de l'ancien continent, quelle est celle dont la civilisation paroît remonter à l'ère la plus ancienne ? la race mongole.

Dès le temps du législateur des Hébreux, les productions de l'Orient étoient recherchées comme celles d'un peuple très-habile dans les arts. La Grèce ne nourrissoit encore que de sauvages habitans de ses forêts ou des rivages de ses mers, lorsque les Syriens, traversant les déserts à l'aide de leurs chameaux, alloient acheter dans l'Inde ces productions précieuses.

Les Grecs, pénétrant jusqu'aux bords du Gange, y ont trouvé des institutions conservatrices de l'exactitude de l'arpentage, de la culture des champs, de la distribution des eaux, de la sûreté des marchés, de la salubrité des villes, de la discipline militaire : précautions politiques, qui supposent toutes de très-grands progrès dans la police civile.

Plusieurs philosophes illustres de la Grèce, et particulièrement l'un des plus beaux génies qui aient honoré l'espèce humaine, Pythagore de Samos, qui vivoit cinq siècles avant l'ère vulgaire, sont allés dans l'Orient étudier la morale et plusieurs autres sciences.

M. Jones, que nous avons déjà cité, remarque dans ses savans ouvrages, que, dans l'antique code des habitans de l'Inde, les dispositions les plus anciennes supposent un peuple éclairé, très-commerçant, et civilisé depuis un temps très-long.

Les pagodes étonnantes des environs de Bombay, dont l'origine se perd dans la nuit des âges, n'ont pu être exécutées que par un peuple nombreux, puissant et policé. Les figures dont elles sont ornées sont assez belles pour prouver qu'à l'époque très-reculée où elles ont été faites, les arts du dessin étoient très-florissans ; et cependant, en observant comment les arts égyptiens ont été perfectionnés par les Grecs, et ceux des Goths par l'Europe moderne, on peut savoir aisément combien sont lents les progrès du dessin, de la peinture et de la sculpture.

Strabon parle d'étoffes peintes très-anciennement dans l'Inde, et de ciselures délicates exécutées très-anciennement aussi par les Mongols sur les métaux et sur l'ivoire.

M. Raspe [1] fait mention de pierres très-bien gravées par des Indiens, à une époque assez éloignée de nous, pour que

---

[1] *Raspe's Introduction to Tassie's descript. catalog. of engraved gems, etc.*

la légende en soit en sanskreet, cette langue mère de presque toutes les langues de l'Orient, et qui, depuis long-temps, est à peine entendue de quelques brames.

L'histoire des Grecs suffiroit pour nous apprendre qu'un peuple jouit depuis un très-grand nombre d'années des bienfaits de la société, lorsqu'il a des drames, et surtout des drames dignes d'admiration ; et néanmoins celui de *Sacontala*, dont nous avons parlé, est écrit en sanskreet, ainsi que tous les autres ouvrages de littérature ou de science conservés par les Indiens.

Le *Mahabarat*, composé depuis tant de temps, contient une théologie, une morale et une métaphysique qui supposent un assez long exercice de sa raison dans le peuple qui en a adopté les principes; et enfin un grand nombre de siècles se sont écoulés depuis le temps où la race mongole possédoit dans l'Inde de très-bonnes tables astronomiques.

Mais si, au lieu de demander, *Quelle est la race de l'espèce humaine la plus anciennement civilisée?* on désire de savoir quelle est celle qui a existé la première sur le globe, il est évident que l'on ne peut répondre à cette question qu'après avoir répondu à celle-ci : *Quelle est l'origine des quatre races différentes que nous venons d'examiner?* Le climat, qui produit les variétés secondaires de l'espèce humaine, qui altère les tégumens, qui change du blanc au noir, ou du noir au blanc, la couleur de chaque race en particulier, a-t-il pu agir assez profondément sur les parties solides de l'homme, pour en dénaturer les proportions, et leur imprimer les dimensions particulières qui constituent les différences des races ?

Nous ne pouvons pas douter que la rigueur de la température qui pèse constamment sur la race hyperboréenne n'ait produit cette race, en rapetissant toutes les dimensions, et en modifiant les proportions d'une ou de deux autres races dont des individus plus ou moins nombreux, forcés par des causes physiques ou morales de quitter leur terre natale, auront été repoussés jusques au cercle polaire, et contraints d'habiter cette froide région comme leur unique asile.

' Mais à l'égard des autres races, et particulièrement de la
mongole et de l'arabe-européenne, il se présente une grande
difficulté. Comment le climat, pourroit-on dire, a-t-il produit les caractères profonds qui distinguent l'une ou l'autre
de ces races, lorsque nous voyons chacune de ces grandes
tribus de l'espèce humaine varier dans son extérieur, dans
ses cheveux, dans sa peau, dans ses couleurs, à mesure qu'elle
est soumise à plus de chaleur ou de froid, de sécheresse ou
d'humidité, mais montrer toujours la même charpente osseuse, et se faire remarquer, sous la ligne comme auprès
des glaces septentrionales, par ces traits prononcés qui nous
servent si facilement à la reconnoître?

Voici ce qu'on peut répondre à cette objection. Les grandes
variétés de l'espèce humaine ne sont pas un ouvrage récent
des causes naturelles à l'influence desquelles l'homme est soumis, comme les variétés secondaires qui consistent dans les
nuances de la peau et les qualités des cheveux. Lorsque l'espèce humaine a été divisée en groupes fondamentaux, lorsque les différentes races ont commencé d'exister, l'action du
climat étoit bien supérieure à ce qu'elle est aujourd'hui. Elles
ont été produites, ces races, à une époque très-rapprochée
de la dernière des catastrophes qui ont bouleversé la surface
du globe. Tous les élémens dont la réunion compose ce que
nous appelons l'*influence du climat* présentoient, dans ces
temps d'agitations et de désordres, une puissance bien supérieure à celle qu'ils peuvent manifester maintenant où un
calme d'un grand nombre de siècles a émoussé toutes les forces de la Nature les unes par les autres, et enchaîné l'activité
d'un grand nombre de substances par leur rapprochement,
leur mélange et leurs combinaisons. A cette époque de destruction où les lois conservatrices étoient, pour ainsi dire, sus-
pendues, où chaque chose étoit, en quelque sorte, hors de sa
place, les extrêmes étoient bien plus éloignés les uns des autres; les contrastes étoient plus frappans, les changemens plus
soudains; et c'est cette succession rapide de causes contraires,
ou du moins très-différentes, qui a toujours fait éprouver aux

êtres organisés les effets les plus marqués, les modifications les plus profondes, les altérations les plus durables.

Le climat a donc pu produire, dans le temps, les races de l'espèce humaine, comme il en produit encore les variétés du second ordre. La lumière de l'histoire ne peut atteindre à ce temps reculé; et aucun monument élevé par la Nature ne nous en a encore révélé l'époque.

Mais, avant de perdre de vue ces grands objets, si dignes de la contemplation du naturaliste philosophe, jetons les yeux sur le nouveau continent, et voyons à quelle race nous devons rapporter les habitans qui étoient répandus au milieu de ses bois et de ses montagnes, lorsque Christophe Colomb y aborda, il y a plus de deux siècles.

Nous avons déjà dit que la race hyperboréenne s'est répandue par l'Europe ou par l'Asie, et peut-être par l'une et par l'autre, dans cette partie de l'Amérique que nous avons nommée *Amérique boréale*, et qui constitue la vingt-sixième région de notre division zoologique du globe.

Les autres immenses portions de cette Amérique septentrionale ont été découvertes, et peuplées, à diverses époques, par des individus de la race mongole qui auront facilement traversé la presqu'île du Kamtschatka, le bassin de Behring, les îles Aleutiennes, et la presqu'île d'Alaska. Ils auront suivi la côte nord-ouest, et se répandant de proche en proche, ils seront arrivés jusqu'au Mexique, où arrêtés par les obstacles que l'isthme de Panama a dû leur opposer, ou plutôt retenus par la facilité de s'établir entre le golfe de Californie et la mer des Antilles, ils se sont réunis en véritable corps de nation, et perfectionnant leur société, ont atteint le degré remarquable de civilisation que tout le monde rappelle facilement, et qui a été très-bien décrit par plusieurs de ceux qui ont donné l'histoire de la découverte du nouveau monde.

Un auteur chinois, nommé *Ma-Taon-Lin*, a rapporté quelques détails sur un de ces passages d'Asie en Amérique. Il a écrit que, vers l'an 458, cinq Sabanéens, partis de la Chine, étoient parvenus par le grand Océan, et à l'Orient de cet empire, jusques à vingt mille *lis* au-delà du Ta-Han;

qu'ils étoient arrivés au *Fou-Sang*, partie occidentale du nord de l'Amérique; qu'ils y avoient porté la religion de *Fo*, des images de cette divinité, et la doctrine indienne, et que les mœurs du peuple du *Fou-Sang* avoient subi des changemens remarquables.

Après la conquête du Mexique par les Espagnols, une grande partie des Mongols devenus Américains, qui commençoient à trouver le bonheur sur cette terre que leurs pères avoient adoptée, chassés de leur nouvelle patrie par le fer et la flamme dont un vainqueur impolitique et barbare ne cessoit d'armer ses mains avares et sanguinaires, ont fui vers ces côtes occidentales de l'Amérique du nord, que leurs ancêtres avoient parcourues en arrivant des rivages de l'Asie. Ils alloient, pour ainsi dire, demandant un asile à tout ce qui leur retraçoit les habitations successives que leur nation avoit occupées en s'approchant du tropique; et lorsqu'à force de s'éloigner du théâtre de carnage sur lequel des Européens avides faisoient couler le sang de leurs frères, ils n'ont plus entendu, si je puis parler ainsi, les pas de ces féroces ravisseurs, ni le fracas de la destruction, ni le bruit des chaînes; lorsqu'ils se sont crus à l'abri de toute poursuite, ils se sont arrêtés au milieu de ces forêts tutélaires ou de ces rivages hospitaliers dont la terre leur présentoit les traces de ceux auxquels ils avoient dû le jour. Ils se sont remis en possession de cette sorte de patrimoine; et y recueillant le reste de leurs arts, de leurs connoissances, de leur police, de leur culte, de leurs opinions, ils y ont fondé ces peuplades que leur position a éloignées chaque jour de plus en plus de la civilisation, au lieu de les en rapprocher, et qu'ont retrouvées très-récemment dans ces mêmes contrées, de célèbres navigateurs d'Espagne, de France et d'Angleterre, et particulièrement ce La Pérouse, dont le nom, comme ceux de ses savans et généreux compagnons, ne peut être prononcé que par la reconnoissance, l'admiration et les regrets.

On les a retrouvées, ces peuplades, construisant leurs habitations avec des bois très-forts, leur donnant une longueur de plus de seize mètres, les séparant en deux étages, les surmontant d'une charpente bien faite, et par conséquent encore plus avancées dans l'architecture que plusieurs tribus de la race mongole; ornant leurs temples et leurs tombeaux de statues de bois, de figures hiéroglyphiques d'oiseaux, de poissons, ou d'autres animaux; possédant des instrumens de musique très-étendus; jouissant de meubles ciselés; ayant de grands tableaux peints en plusieurs couleurs et exécutés sur bois, et par conséquent peu éloignés encore du temps où leurs pères cultivoient les arts agréables avec autant de succès que plusieurs Asiatiques de la race mongole.

A cette opinion de mon célèbre confrère Fleurieu, dont j'ai cru devoir adopter les savantes conjectures sur l'origine des habitans actuels de la côte occidentale de l'Amérique du nord [1], ajoutons que d'autres Mexicains, fuyant l'esclavage et la mort dont les menaçoient les conquérans de leur pays, ont dû, au lieu de se jeter vers les rivages occidentaux, se porter vers l'Océan atlantique, traverser le Nouveau-Mexique et les campagnes du Mississipi, et aller s'établir auprès des montagnes bleues dans ces contrées où on a trouvé très-récemment de curieux monumens de leur émigration, des pyramides, de très-grands cirques, et d'autres vastes ouvrages exécutés en terre et en gazon, dont on a donné une description très-bien faite [2].

Cependant l'Amérique méridionale a-t-elle été peuplée comme le Mexique par des individus de la race mongole, arrivés le long de la côte nord-ouest? l'on n'a pas recueilli encore assez de lumières sur l'histoire des Péruviens et des autres peuples que l'on a trouvés dans l'Amérique du sud lors de la dernière découverte de cette partie du nouveau continent, et l'on ne connoît pas assez leurs traits distinctifs, leurs habitudes, leur langue, pour choisir entre les deux opinions suivantes.

---

1 *Voyage du capitaine Marchand, etc.*, tome I, page 373.

2 *Voyage dans la haute Pensilvanie, etc.*, traduit par l'auteur des *Lettres d'un cultivateur américain.*

Premièrement, il seroit possible que les Mongols parvenus au Mexique eussent franchi l'isthme de Panama, ou en eussent suivi les bords dans leurs embarcations, qu'ils eussent découvert la contrée nommée *Terre-ferme*, et que se répandant de là, d'un côté dans le Pérou et le Chili, et de l'autre dans la Guiane, le Brésil et le Paraguay, ils eussent occupé les trois régions zoologiques auxquelles nous avons donné le nom de *région des Cordillières*, *région des Amazones* et *région des terres Magellaniques.*

Secondement, on pourroit croire, comme nous l'avons dit, que les Malais, ces fameux navigateurs de l'Asie, ont donné au Pérou les habitans que Pizarre y a trouvés. Il paroît que ces Malais, qui tirent leur origine et leur nom de la presqu'île de Malaca, que sa position au centre des pays de l'Inde les plus riches et les plus commerçans a rendue célèbre, doivent être regardés comme descendans d'individus de la race européenne, et particulièrement des Arabes proprement dits, ou des Phéniciens, qui, dans des temps même très-reculés, ont eu de grandes relations commerciales avec l'Inde, ont doublé le cap Comorin, se sont enfoncés dans le golfe du Gange, et ont pénétré jusqu'à l'île de Sumatra et à la presqu'île Malaye. Ce seroient ces Asiatiques courageux et entreprenans qui auroient donné des habitans aux îles du grand Océan équinoxial. Ils ont pu, en parcourant ces îles nombreuses, très-rapprochées les unes des autres, et dont nous ne connoissons encore qu'une partie, naviguer sans beaucoup de dangers jusqu'aux rivages occidentaux du Pérou, sur lesquels d'ailleurs ils peuvent avoir été entraînés ou plutôt jetés par des tempêtes ; et pour arriver à ces côtes péruviennes, ils auront eu, pour ainsi dire, une route non interrompue, qui aura compris Bornéo, les Célèbes, les Moluques, la Nouvelle-Guinée, la Louisiane de Bougainville, les îles de Salomon, la terre *del Spiritu-santo,* les îles Fidgi, les îles des Amis, celles de la Société, l'archipel de la mer Mauvaise, l'archipel de Mendanna, l'île Gallego, et les îles Gallapagos, qui sont à une très-petite distance du Pérou occidental.

Mais indépendamment des descendans de ces hardis voyageurs venus de la Tartarie orientale, ou des îles du grand
Océan équinoxial, ne devroit-on pas admettre une race particulière dont l'existence seroit bien antérieure à l'arrivée
des Mongols et des Malais, une véritable race d'Américains
aborigènes, une cinquième race de l'espèce humaine, très-
distincte des autres races par ses principales proportions ?
Nous penchons vers cette opinion. Peut-être même faudroit-
il croire que les vrais naturels, les plus anciens habitans de
l'Amérique méridionale, ont formé une sixième race, pendant que les aborigènes de l'Amérique du nord en ont cons-
titué une cinquième. Mais comment indiquer les traits par-
ticuliers de ces véritables Américains ? comment reconnoître
les signes distinctifs de ces races propres au nouveau continent, au milieu de tous les produits des mélanges successifs
de la race mongole et de la race arabe-européenne, qui non-
seulement a pu, il y a plusieurs siècles, pénétrer jusqu'au
Pérou par le grand Océan, mais encore a abordé, depuis
Christophe Colomb, sur tous les points du rivage du nouveau monde, et conquis, ravagé, dépeuplé et repeuplé presque toute sa surface ?

Chaque jour la trace de ces races américaines se perd da-
vantage. Cependant nous pouvons tout attendre, pour parvenir à la découvrir, du zèle très-éclairé de plusieurs savans
des États-Unis, et particulièrement des travaux de M. Barton
de Philadelphie.

Et cependant, quelle vérité importante devrons-nous con-
clure encore du résultat de toutes les recherches relatives aux
grands objets dont nous venons de nous occuper ?

C'est que le passage de l'état à demi sauvage, à la civilisation, se fait par un très-grand nombre de nuances insen-
sibles, et exige un temps immense. En parcourant lentement
ces nuances successives, l'homme lutte péniblement contre
ses habitudes; il combat, pour ainsi dire, contre la Nature;
il monte avec effort le long d'une route escarpée. Mais il
n'en est pas de même de la perte de l'état civilisé : elle est
presque soudaine. Dans cette chute funeste, l'homme est

précipité par tous ses anciens penchans qui se réveillent ; il ne combat plus, il cède ; il ne renverse plus d'obstacles, il s'abandonne au poids qui l'entraîne. Il faut des siècles pour faire croître et fleurir l'arbre de la science ; un seul coup de la hache de la destruction en coupe la tige et le renverse.

Et que l'on ne croie pas que l'homme civilisé puisse redescendre vers l'état à demi sauvage ; il ne revient jamais vers le point d'où il étoit parti : il faudroit, pour que tout retour ne lui fût pas interdit vers ce point de son départ, qu'il fût en son pouvoir d'anéantir le passé qui l'en sépare. Il tombe dans la barbarie, bien plus contraire à la véritable destination de l'espèce humaine que l'état que nous nommons sauvage. Ce dernier état peut donner le bonheur ; et la barbarie l'a toujours étouffé.

Nous n'avons plus maintenant à considérer que deux grandes branches de cet arbre immense de la science cultivé par Buffon avec tant de gloire, la minéralogie proprement dite, et la théorie de la terre.

Depuis 1788, époque de la mort de Buffon, les progrès de la minéralogie ont été des plus remarquables. Un grand nombre de savans, et plusieurs naturalistes ou chimistes du premier ordre, en ont fait l'objet de leurs recherches. Pourquoi la nature de ce discours m'empêche-t-elle de les citer tous ?

Des blocs plus ou moins gros de substances minérales étoient tombés de l'atmosphère dans divers endroits du globe ; des sifflemens, des détonations, des éclairs, des flammes, ou d'autres circonstances extraordinaires, avoient accompagné leur chute rapide. La sage réserve des physiciens modernes avoit fait douter de leur origine et des phénomènes liés avec leur apparition ; M. Pictet, de Genève, dont les lumières ont été si utiles à la minéralogie, appela, il y a vingt ans, l'attention de l'Académie des Sciences sur ces minéraux si remarquables ; M. Biot, l'un des meilleurs physiciens de l'Europe, M. Izarn, M. Marcel de Serres, M. Chladni, M. Howard, et d'autres savans des plus recommandables, ont

publié des travaux importans sur ces singuliers *aérolithes*
ou pierres atmosphériques.

Une grande quantité de minéraux ont été analysés , avec
autant de soin que d'habileté , par MM. Vauquelin , Lau-
gier, Chenevix, Kirwan, Bucholz et Stroméyer, qu'on n'a
besoin que de nommer pour prouver combien les résultats
de leurs expériences ont servi à faire connoître la composition, la nature, les rapports et l'origine des substances minérales.

Le journal des mines, ce recueil si précieux pour les amis
de l'économie et de la prospérité publiques, comme pour
ceux des sciences naturelles, a été très-souvent enrichi par les
articles de MM. Le Lièvre, Gilet-Laumond, de Bonnard,
Léman, Cordier, Brochant, Daubuisson, Beurard et d'autres conseillers , inspecteurs et ingénieurs des mines du
royaume , ou habiles minéralogistes.

M. le comte de Bournon a publié un Traité de la chaux
carbonatée et de l'arragonite, un de ces savans Catalogues
de grandes collections , si avantageux aux progrès de la
science, et plusieurs autres ouvrages remarquables sur la
cristallographie et d'autres sujets minéralogiques.

Des travaux étendus à des rameaux plus ou moins nombreux de la minéralogie ont été dus à MM. Bigot de Moro-
gues, Rozière, Le Clerc, Calmelet, Fleuriau de Bellevue,
Petrini, Ferréra de Sicile, Tondi et Monticelli de Naples,
Gismondi de Rome, Ranzoni de Bologne, Innocenti de Ve-
nise, Brocchi de Milan, Viviani de Gênes;

Borson, qui a donné un Catalogue raisonné du Cabinet de
Turin ;

Pictet et Jurine, que l'on a si souvent occasion de citer, lorsqu'on rappelle les grands services rendus aux sciences ;

Berger, l'Ainé et Lardy de l'Helvétie ;

Mawe, à qui l'on doit un Traité des diamans et des pierres
précieuses, la Minéralogie et la Géologie du Derbyschire et
un Voyage dans l'intérieur du Brésil ;

Le chevalier de Parga et Rodriguès , d'Espagne ;

D'Andrade, de Monteiro, et Nola, de Portugal ;

Le chevalier Cuvier et Brogniard, ces célèbres auteurs de la *Minéralogie* si curieuse des environs de Paris ;

Opoix, qui s'est occupé des minéraux des environs de Provins ;

Walter Stephens, qui a publié *la Minéralogie des contrées voisines de Dublin ;*

Forlis, qui a écrit l'Histoire naturelle d'Italie ;

Omélius de Halloi, Desmarets, Louis de Launai qui a montré la nature des connoissances minéralogiques des anciens ;

Le baron de Born, qui a décrit la collection de fossiles d'Eléonore de Raab ;

Juncker, Ménard de La Groye, ce digne collaborateur de M. le chevalier Cuvier, et auquel les naturalistes doivent particulièrement des travaux précieux sur les volcans et sur les différentes sortes de feux souterrains ;

Héron de Villefosse, qni a traité, avec tant de succès, *de la richesse minérale ;*

Pujoulx, qui a rendu la science plus populaire, en composant une *Minéralogie à l'usage des gens du monde ;*

De Léonhard, dont on doit citer porticulièrement le *Manuel de minéralogie*, et l'*Annuaire minéralogique* ;

Karsten, dont les Tableaux de minéralogie ont été traduits en espagnol par M. Delrio, de l'Amérique méridionale ;

Cleaveland, qui a fait imprimer à Boston un Traité élémentaire de minéralogie et de géologie ;

Emmerling et Napione, qui ont publié des Elémens minéralogiques ;

Estner, dont l'ouvrage a pour titre *Essais de minéralogie ;*

Le baron de Moll, l'annaliste des mineurs ;

Blumenbach et Duméril, qui l'un dans son Manuel, et l'autre dans son Traité élémentaire d'Histoire naturelle, n'ont pas été peu utiles à la science minéralogique ;

Brogniard, dont on lit avec tant d'avantage les excellens articles minéralogiques répandus dans le Dictionnaire des Sciences naturelles, et dont le Traité de minéralogie a répandu tant de lumières, spécialement sur les espèces de minéraux ;

Patrin, qui, après avoir parcouru et observé avec soin plusieurs grandes portions de la surface du globe, et notamment la Russie septentrionale, a donné une Histoire naturelle des minéraux;

Brochant, dont le savant Traité de minéralogie est si estimé des naturalistes;

Philipps et Thomson, qui ont fondé une méthode minéralogique sur des considérations chimiques;

Struve, qui a donné une Méthode analytique des fossiles;

De La Méthrie, qui a laissé des Leçons de minéralogie;

Sage, qui pendant une si longue et si respectable carrière, a favorisé si puissamment l'étude des minéraux, par ses cours, ses ouvrages, et la riche collection qu'il a formée avec tant de soin, disposée avec tant d'ordre, et placée dans un si beau monument, comme en hommage aux sciences naturelles;

Et Daubenton, notre illustre collègue, qui a montré combien un esprit supérieur, un jugement exquis, une recherche constante pouvoient dissiper d'erreurs, écarter d'obstacles, mettre de justesse dans les définitions, introduire d'ordre dans les méthodes, éclairer la route de la science, et montrer avec certitude, quoique de loin, le véritable but des amis de la minéralogie.

Deux grandes écoles s'étoient cependant formées, l'une autour de M. Haüy, et l'autre autour de Werner.

Le premier, le compas de Newton à la main, examine les substances cristallisées, mesure les angles, compte les faces, en trace la figure, disjoint les lames, parvient au noyau du cristal; détermine la forme primitive autour de laquelle les molécules composantes, s'arrangeant d'après des règles qu'il révèle, produisent les formes secondaires; assigne, avec la précision de la géométrie, les traits des espèces qu'il établit; marque les ressemblances qui les rapprochent ou les différences qui les éloignent; proclame les lois de la cristallagraphie, et crée, pour ainsi dire, une minéralogie nouvelle.

Werner, placé au milieu des montagnes de la Saxe, de cette terre classique où l'art a arraché tant de secrets à la Nature, et à laquelle il devoit donner une célébrité nouvelle, appelle

à son secours, non-seulement l'Histoire naturelle proprement dite, mais toutes les sciences qui lui sont alliées, soumet
les minéraux à des épreuves rigoureuses , en saisit tous les
rapports, dévoile toutes leurs propriétés , montre toutes leurs
manières d'être, ne laisse échapper aucun des caractères qui
peuvent tomber sous les sens, et de ces intuitions en quelque
sorte complètes , forme une méthode qui montre toutes les
qualités, toutes les nuances, toutes les modifications, toutes
les liaisons, des objets de son étude assidue.

Plusieurs célèbres minéralogistes marchent, pour ainsi dire,
sous les étendards de ces deux grands maîtres, et répandent
leurs doctrines ou y ajoutent de nouvelles vues.

A la voix de M. Hauy, on voit paroître la Minéralogie sy-
noptique de M. Héricart de Thuri et de M. Houry ; le Manuel du minéralogiste, et le Traité des pierres précieuses, des
porphyres et des marbres de M. Brard ; les Tableaux métho-
diques de MM. Drappiez de Lille et Desvaux ; le Tableau des
espèces minérales de M. Lucas le fils, garde-adjoint de nos
galeries d'Histoire naturelle, et qui a aussi donné d'excellens
articles dans le nouveau Dictionnaire d'Histoire Naturelle ;
la Cristallographie de M. Schwartz; celle de M. Weiss; les
Élémens de cristallographie de M. Accum, de la Grande-Bretagne ; l'ouvrage de M. Beudant, sur la détermination des
espèces minérales, et le travail important de M. Ampère, sur
les formes géométriques des composés.

A l'appui ou pour le perfectionnement et de nouveaux développemens de la doctrine de Werner, paroissent d'autres
côtés , et indépendamment des ouvrages recommandables de
M. Daubuisson sur les mines saxones, de M. Charpentier,
sur les minerais des montagnes de la Saxe, et de M. de Bo-
nard , sur ces montagnes métalliques au milieu desquelles
étoit établie la fameuse chaire Wernérienne, paroissent, dis-je,
les Leçons et le Dictionnaire de minéralogie de M. Reuss; l'Essai d'un traité complet de minéralogie de M. Lenz; le Manuel
de minéralogie de M. Haussmamm ; celui de M. Ludwig; le
Manuel de minéralogie topographique de M. Léonhard , et
les Tableaux systématiques des minéraux qu'il a publiés avec

MM. Merz et Kopp ; la Description d'un cabinet minéralogique de M. Von Dernull, faite par M. Mohs ; le Traité de
minéralogie de M. Hoffman Bang et de M. Breithaupt ; le
Système de minéralogie, et le Voyage en Ecosse de M. Jame-
son, d'Edimbourg ; le Manuel et le Dictionnaire minéralogiques de M. Aikin, d'Angleterre ; la Nomenclature minéralogique, ainsi que les tables des analyses des minéraux de M. Allan,
du même royaume, et le Catalogue d'une collection de minéraux, par M. Mala Carne.

Dolomieu, le chef d'une autre école, , remonte aux principes
les plus élevés de la science. Accoutumé à planer au-dessus de
grands espaces, il lie ses vastes conceptions, et donne, sous le
nom de *Philosophie minéralogique*, un de ces ouvrages dont
le temps seul découvre tout le mérite.

Dans la métropole boréale des sciences naturelles, M. Ber-
zélius, s'ouvrant une route nouvelle, propose un système minéralogique fondé sur ses savantes expériences, sur les analyses de la chimie, sur les proportions fixes des substances,
sur l'action de la pile volcanique, et dont M. de Blainville a exposé habilement les principes, dans le journal de physique,
dont il est le rédacteur.

Ce célèbre Dolomieu, dont nous venons de parler, nous le
retrouvons dans le premier rang de ces hommes dévoués qui,
dans des voyages plus ou moins longs et plus ou moins loin-
tains, ont bravé avec tant de constance, pour la découverte de
la vérité, les privations, les fatigues, les souffrances, les dangers
et les ennuis de la solitude ou de l'absence. Dans ce premier
rang, brillent M. le baron Alexandre de Humboldt, dont *les
Voyages aux régions équinoxiales du nouveau continent* ont
répandu tant d'observations nouvelles et d'idées lumineuses
sur la nature ou le gisement des minéraux ; M. Léopold de
Buch, que son Voyage en Norwége et en Laponie a placé à
une si grande hauteur parmi les minéralogistes, et M. le baron Ramond qui, élevé sur les hautes sommités de l'Europe,
qu'il a décrites avec tant de soin, mesurées avac tant d'exactitude et peintes avec tant de taletn, a allumé en quelque sorte
d'immenses fanaux pour la recherche de la vérité.

Avant ou depuis ces trois grandes explorations des hautes montagnes de la zone tempérée, des contrées équatoriales et des pays hyperboréens, le monde savant a joui du Voyage dans la Perse et l'Empire ottoman, par Olivier; de la Description des îles Fortunées et des quatre principales îles des mers d'Afrique, par M. Bory de Saint-Vincent, et des Voyages de Spallanzani dans l'Apennin et dans les Deux-Siciles, de Breislach dans la Campanie, d'Amoretti aux trois Lacs, de Santi au mont Amiata, de Townson en Hongrie, de Twis en Irlande, et de plusieurs autres savans dont la nature de ce Discours nous force de taire les services rendus à la minéralogie.

Presque tous ces voyageurs minéralogistes, et particulièrement celui dont le Chimboraço est un des monumens de la gloire, ont observé avec une attention particulière et les volcans qui brûlent encore et par leurs éruptions plus ou moins fréquentes ébranlent la terre autour d'eux, et ces volcans éteints dont les laves, plus ou moins altérées, se sont étendues sur de si grands espaces, et attestent, dans tant de contrées, l'action puissante et terrible qu'à tant d'époques plus ou moins reculées les feux souterrains ont exercée sur les premières couches du globe.

Ici l'on doit citer avec une reconnoissance particulière tout ce que, depuis la mort de Buffon, M. Faujas de Saint-Fond, mon célèbre confrère, a ajouté dans plusieurs de ses ouvrages, à la vive lumière qu'il avoit répandue sur les volcans éteints du Vivarais et sur ceux de la Grande-Bretagne occidentale; les beaux travaux de Dolomieu sur l'Etna, sur des îles de la Méditerranée et sur les produits des anciens volcans, et un Mémoire publié sur un nouveau genre de liquéfaction ignée, par son beau-frère, M. le marquis de Drée, qui a publié aussi, avec M. Léman, le Catalogue de sa magnifique collection minéralogique.

M. Cordier, l'ami et le compagnon de Dolomieu, a d'une main savante et hardie jeté les fondemens d'un nouvel ordre d'idées, en traitant des substances minérales qui entrent dans les roches volcaniques; et en rappelant son travail, nous

nous trouvons près de cette limite incertaine qui sépare la minéralogie, de la géologie ou de la théorie de la terre.

Franchissons cette limite et avançons vers la dernière des vues que nous avons désiré de présenter.

Depuis que Buffon a cessé d'écrire, on a cherché, avec un nouveau zèle et de nouveaux succès, à reconnoître la nature des différens terrains qui composent la croûte du globe. On a distingué, avec plus de précision, les terrains primitifs, ou d'une formation plus ancienne, ceux de transition, les terrains secondaires, ceux d'alluvion, et les terrains volcaniques. On a étudié la nature, l'étendue, l'épaisseur, la position horizontale ou inclinée, ou presque verticale, des bancs ou couches des minéraux ; l'ordre de superposition de ces différentes couches les unes relativement aux autres ; leurs mélanges, leurs pénétrations, leurs décompositions, les époques relatives de leur dépôt ; les espèces d'animaux ou de végétaux dont elles renferment les débris ; l'origine de leur formation. On a tâché, par toutes ces recherches géognostiques, de reconnoître ce que les naturalistes ont nommé *la Constitution physique du globe.*

Desmaretz le père a ajouté à ses importans travaux sur la géographie physique.

M. Virey et d'autres savans ont enrichi la géographie particulière que M. Virey, dans le nouveau Dictionnaire d'histoire naturelle, a nommée *Géographie naturelle.*

M. Webb a mesuré la hauteur des principaux pics des montagnes du Thibet, auxquelles on a donné le nom d'*Himalaya.* Quatre de ces pics sont plus élevés que le fameux Chimboraço des Cordillières de l'Amérique méridionale, que l'on regardoit comme la plus grande élévation du globe. Le plus haut de ces quatre pics a 7821 mètres au-dessus du niveau de la mer, que le Chimboraço ne surpasse que de 6530 mètres ; et ainsi se trouve justifiée cette partie de la Cosmogonie des Indiens qui plaçoient au nord de l'Inde la plus grande montagne de la terre.

Des cours spéciaux, et des élémens géologiques, ont facilité l'accès de la science. On peut indiquer particulièrement

le Manuel de la partie oryctognostique de la minéralogie,
par **M. Widerman** ; celui du Géologue, de **M. Brard** ; le
Traité élémentaire de géologie, donné au public par **M. Clea-**
veland, de Boston.

Des travaux importans relatifs à la géognosie ont été publiés par MM. **Freisleben**, **Heim** et de **Hoff**, sur diverses
parties de cette science ; par M. **Engelhardt**, sur le Caucase et
la Saxe ; par M. **Esmarck**, sur la Transilvanie et la Hongrie ;
par M. de **Raumer**, sur la Saxe et la Silésie ; par M. **Schlol-**
theim, sur la Thuringe et la Franconie ; par MM. **Mohs**,
Escher et **Ébel**, sur les Alpes ; par M. **Omalius d'Halloi**, sur
la France et la Belgique ; par M. **Hausmann** sur la Norwège
et la Suède.

On a vu paroître la Géologie du Derbyshire, par M. **Mawe** ;

Le savant Traité de minéralogie et de géologie, de M. **Bro-**
chant ;

L'ouvrage de M. **Fleuriau de Bellevue**, sur les roches primitives ;

Les Mémoires d'une illustre Société géologique de Londres ;

Plusieurs articles du nouveau Dictionnaire d'histoire naturelle, par M. de **Bonnard** et par d'autres géologues ;

Un Essai très-remarquable sur la formation des roches,
par M. **William Maclure**, membre de l'Académie des Sciences
naturelles de Philadelphie ;

Le recueil précieux des observations de M. **Barton** sur
l'archéologie de la terre américaine ;

L'Essai de géologie et le Voyage en Angleterre, en Écosse
et dans les îles Hébrides, de M. **Faujas de Saint-Fond** ;

Les ouvrages de MM. **Blumenbach**, **Schloltheim**, de La
Marck et **Le Sueur**, sur les fossiles et sur d'autres branches
fécondes de la géologie ;

Le travail de M. **Brogniard** sur les terrains qui paroissent
formés sous l'eau douce ;

Les articles de géognostique et de géologie proprement
dite, que cet habile académicien a publiés dans le nouveau
Dictionnaire d'histoire naturelle ;

Et les considérations de M. **Cordier** sur la liaison ou l'indépendance des grandes masses minérales qui gravitent vers le centre de la terre ; considérations dont les conséquences pourroient peut-être, avec le temps, faire pénétrer, pour ainsi dire, la lumière du jour jusque dans l'intérieur du globe, et découvrir l'état actuel de ces substances souterraines sur lesquelles reposent les immenses pyramides tronquées, irrégulières et renversées, dont on peut supposer que les larges bases composent la croûte de la terre.

Toutes ces idées nous amènent naturellement aux belles conceptions géologiques que présentent les observations faites dans les Canaries, en Italie, en France et en Allemagne, par M. Léopold de Buch, et le Voyage de ce célèbre naturaliste, en Norwège et en Laponie.

D'autres théories plus ou moins complètes sur la formation et la composition de la terre, ont été publiées.

On peut voir dans le Dictionnaire des Sciences naturelles, qu'il ne m'est pas permis de louer puisque j'ai l'honneur d'être un des collaborateurs de cet ouvrage, et dans un autre Dictionnaire aussi très-justement renommé, celui d'Histoire naturelle, des articles bien importans au sujet de ces théories.

Quel est le naturaliste qui n'ait pas étudié le Voyage dans les Alpes, de Saussure ; qui n'ait pas écouté, pour ainsi dire, ce grand géologue parlant de l'écorce du globe produite par les eaux, soulevée et rompue, et des vastes fragmens de cette écorce, restés inclinés ou presque verticaux contre les masses intérieures et primitives mises en partie à découvert, et devenues supérieures sur beaucoup de sommités ?

Pallas a publié son mémorable Voyage dans la Russie méridionale, et exposé ses idées sur l'origine des divers terrains qu'il ne faut pas rapporter aux granitiques primitifs.

Bertrand a fait imprimer à Hambourg, dès 1799, sa Théorie sur le renouvellement périodique des continens terrestres.

Combien le baron Ramond, l'historien des Alpes, des Pyrénées et des monts de l'Auvergne, n'a-t-il pas donné au monde savant d'observations élevées, d'idées profondes, de beaux exemples et d'utiles préceptes, sur l'art de mesurer par le baromètre la hauteur des montagnes !

On a dû citer M. Rodig.

Edimbourg a vu paroître la Théorie de la terre, de MM. Hutton et Playfair, et le travail de sir James Hall.

MM. de Marschall, en Allemagne, ont fait connoître leurs recherches sur l'origine et les développemens de l'ordre actuel du monde.

M. Breislak a considéré la terre comme liquéfiée, et en a donné une théorie particulière.

Patrin a exposé sa théorie du globe dans l'Histoire naturelle des minéraux qui fait partie d'une édition de Buffon, mise au jour par M. Deterville.

De la Méthrie a aussi imaginé une théorie de la terre, l'a donnée au public, et l'a ensuite souvent développée ou rappelée dans le Journal de physique dont il étoit le rédacteur.

Werner, après avoir distingué les terrains volcaniques d'avec ceux qui selon lui ne présentent que des signes trompeurs de l'action des feux souterrains, et qu'il a nommés *pseudovolcaniques*, s'est occupé des basaltes qui ne lui parois-soient que les produits des eaux, et, se portant à une grande hauteur, a montré la mer au-dessus des montagnes les plus élevées et exposé les effets d'une grande précipitation aqueuse.

Dolomieu après avoir examiné de près et avec beaucoup de soin les laves de l'Etna, un grand nombre d'autres produits volcaniques, et les principales roches de la voûte du globe, les a considérés de haut, et, remontant à l'origine des siècles, a cru voir le globe liquide, et toutes les substances dissoutes par l'eau aidée d'un dissolvant particulier; et, faisant passer sous ses yeux les précipitations et les autres changemens successifs qui avoient dû produire l'état actuel de la terre, il a désiré surtout de faire remarquer de vastes dépôts jetés avec violence par d'immenses marées, et s'exhaussant en collines et en montagnes.

M. le chevalier Cuvier a réuni, dans une Théorie de la terre, ses observations, ses idées, et les conséquences qu'il a cru devoir tirer des os fossiles, des autres dépouilles d'animaux et des débris de végétaux, dont il a exposé la découverte, la comparaison, la détermination et le classement dans son grand et savant Ouvrage sur les ossemens fossiles, et dans le travail qu'il a publié avec M. Brogniard sur les terrains des environs de Paris.

M. de Busch, au milieu de ses nombreuses et hardies recherches, s'est représenté de vastes terrains, de grands plateaux, des portions plus ou moins épaisses de la croûte du globe, soulevés comme des îles sortant du sein des mers.

L'illustre chimiste anglais, M. Davy, a fait connoître au public ses idées sur la nature du noyau de cette terre dont l'écorce a été l'objet de tant d'examens.

Et enfin le successeur des Leibnitz, des Newton, et des Lagrange, M. le marquis de La Place, jetant dans l'exposition de la Mécanique céleste le coup d'œil du génie sur l'origine des corps célestes, a pensé qu'on pourroit regarder les planètes, et par conséquent la terre, comme des portions condensées de l'atmosphère solaire qui, se refroidissant dans la suite des siècles, et cessant successivement de remplir les zones les plus éloignées du soleil, est parvenue jusques aux limites qui la circonscrivent maintenant.

Cette grande pensée s'accorde avec les belles observations de M. Herschell et les opinions de ce fameux astronome, lequel a vu, pour ainsi dire, les différentes manières d'être de la matière nébuleuse, de cette substance céleste à laquelle les brames ont donné le nom d'*Akasch*, et qui, de l'état d'extrème diffusion, passe, suivant M. Herschell, par divers degrés de condensation, jusques à la formation d'un globe lumineux.

Quelle tendance vers les plus grandes découvertes, entraîne maintenant tous les esprits ! L'ère des gouvernemens représentatifs sera l'époque des vérités les plus importantes, comme d'une sage et durable liberté. Et que ne devons-nous pas attendre des efforts et de la position de tous les peuples civilisés ? que ne produiront pas les secours d'une politique prévoyante, l'intérêt d'un commerce éclairé, l'amour de la science, les affections d'une douce philanthropie, et l'impulsion irrésistible du génie ? quels résultats ne feront pas naître les découvertes des Russes dont les territoires boréaux lient l'Europe, l'Asie et l'Amérique; le séjour des Anglais dans les contrées les plus intérieures et les moins connues de la presqu'île de l'Inde, du Bengale et des pays voisins; les Voyages des Humboldt dans le Thibet; la connoissance de l'intérieur du continent de la Nouvelle-Hollande; l'investigation des immenses contrées de l'Afrique équinoxiale et du cours des fleuves qui, descendant du haut de ces contrées, coulent vers les rives orientales et le grand Océan; l'accroissement de la population de l'Amérique méridionale, les progrès de celle de l'Amérique du nord, passée, pour ainsi dire, avec tant de rapidité, de l'état de nature à celui de la plus grande civilisation !

Puisse-t-elle n'être pas très-éloignée, cette époque où l'on verra les êtres organisés découverts, décrits et comparés, les chaines de montagnes reconnues, leurs directions déterminées, leurs rameaux examinés, leurs hauteurs calculées, les rivières et les fleuves parcourus, les grands linéamens du globe tracés, ses degrés mesurés, sa figure assignée, ses diverses températures évaluées, toutes les substances essayées, analysées, pesées, leurs positions relatives distinguées, les forces de la Nature dévoilées, tout le domaine de l'homme, conquis par son génie et livré à son industrie, toutes ses facultés exercées, tous ses droits reconnus, la vérité dissipant les chimères, le sagesse donnant naissance au bonheur; et où toute la surface de la terre retentira de l'hymne de la reconnoissance envers l'être des êtres !

A Paris, le 12 décembre 1818.

SUPPLÉMENT

A LA

TABLE MÉTHODIQUE DES OISEAUX.

Nota. Les naturalistes verront aisément avec quelle facilité on pourra ajouter sur le Tableau suivant les genres ou sous-genres, récemment établis par M. le chevalier Cuvier, M. le chevalier Geoffroy de Saint-Hilaire, M. le Vaillant, M. Bechstein et quelques autres auteurs, et par exemple :

Les *perroquets à trompe* de M. le Vaillant, après les perroquets ;

Les *malcohas* du même ornithologiste, et les *schytrops* de M. Latham, après les barbus ;

Les *cous*, les *coucals*, les *courols* ou *vouroudrious*, les *indicateurs* et les *barbacous* de M. le Vaillant, à la suite des coucous ;

Les *drongos* de M. le Vaillant, auprès des pie-grièches ;

Les *gymnocéphales* et les *céphaloptères* de M. le chevalier Geoffroy, dans le voisinage des gobe-mouches ;

Les *cincles* de M. Bechstein, et les *philédons* de M. le chevalier Cuvier, après les merles ;

Les *échenilleurs* de M. le Vaillant, les *procnias* de M. Hoffmann, et les *gymnodères* de M. Geoffroy, à la suite des coingas ;

Les *durbecs* de M. Cuvier ;

Les *lyres* de M. Shaw, après les gracules ;

Les *témias* de M. le Vaillant, après les corbeaux et les geais ;

Les *épimaques* de M. Cuvier, après les huppes ;

Les *tichodromes* et les *nectarinies* de M. Illiger, ou les *échelettes* et les *sucriers* de M. Cuvier, ainsi que les *dicées* et les *huérotaires* de ce dernier zoologiste, à la suite des grimpereaux ;

Les *soui-mangas* de M. Cuvier, dans le voisinage des colibris ;

Les *houppifères*, les *lophophores*, et les *cryptonyx* de M. Temminck, après les faisans ;

Et les *lobipèdes* de M. Cuvier, à la suite des phalaropes.

On peut aussi ôter aisément, si on le juge convenable, le genre *du messager* de notre trente-unième ordre, le transporter dans notre septième ordre, l'y inscrire après les faucons, et le placer ainsi, avec M. Cuvier, à la suite des oiseaux de proie diurnes.

TABLEAU

DES SOUS-CLASSES,

DIVISIONS, SOUS-DIVISIONS,

ORDRES ET GENRES

DES OISEAUX,

PAR M. LE COMTE DE LACEPÈDE.

PREMIÈRE SOUS-CLASSE.

Le bas de la jambe garni de plumes ; points de doigts entièrement réunis par une large membrane.

PREMIÈRE DIVISION.

Deux doigts devant ; deux doigts derrière.

PREMIÈRE SOUS-DIVISION.

Doigts gros et forts.

GRIMPEURS.

PREMIER ORDRE.

Bec crochu.

1.   ARA.   { Le bec gros et convexe ; la mandibule
       Ara.   supérieure pointue, recourbée sur l'in-
               férieure, et mobile ; la langue épaisse,
               charnue et arrondie à son extrémité ;
               une place dénuée de plumes sur chaque
               joue.

2. PERROQUET.
    Psittacus.

> Le bec gros et convexe ; la mandibule supérieure pointue, recourbée sur l'inférieure, et mobile ; la langue épaisse, charnue et arrondie ; point de place dénuée de plumes sur les joues.

DEUXIÈME ORDRE.

Bec dentelé.

3. TOUCAN.
    Ramphastos.

> Le bec convexe, très-léger, très-mince, et plus long que la tête.

4. COUROUCOU.
    Trogon.

> Le bec court, plus large que haut, entouré à sa base de *soies* plus ou moins nombreuses ; le tarse court, et recouvert en partie de plumes.

5. TOURACO.
    Touraco.

> Le bec plus court que la tête, et dénué de *soies* à sa base.

6. MUSOPHAGE.
    Musophaga.

> Une plaque placée sur le sommet de la tête, et formant une continuation de la base de la mandibule supérieure.

TROISIÈME ORDRE.

Bec échancré.

7. BARBU.
    Bucco.

> Le bec gros, pointu, comprimé, fendu jusqu'au-dessous des yeux, et garni à sa base de *soies* grosses et roides.

QUATRIÈME ORDRE.

Bec droit et comprimé.

8. JACAMAR.
    Galbula.

> La langue courte.

9. PIC.
    Picus.

> La langue très-longue, extensible, ronde, et garnie à son extrémité de petites pointes recourbées en arrière.

CINQUIÈME ORDRE.

Bec très-court.

10. TORCOL.
    Yunx.

> La langue très-longue, ronde, mince, et garnie de petites pointes à son extrémité.

SIXIÈME ORDRE.

Bec arqué.

11.	COUCOU. *Cuculus.*	La langue longue et pointue ; les ouvertures des narines entourées d'un rebord saillant.
12.	ANI. *Crotophaga.*	La mandibule supérieure très-comprimée, et relevée en carène.

———

SECONDE DIVISION.

Trois doigts devant ; un doigt, ou point de doigt derrière.

PREMIÈRE SOUS-DIVISION.

Ongles forts et très-crochus.

OISEAUX DE PROIE.

SEPTIÈME ORDRE.

Bec crochu.

13.	VAUTOUR. *Vultur.*	Le bec crochu uniquement à l'extrémité ; la tête ou le cou dénués de plumes , en tout ou en partie, et pouvant se retirer dans un collier de longues plumes.
14.	GRIFFON. *Gypætos.*	Le bec long et renflé vers son extrémité ; la tête revêtue de plumes ; les ouvertures des narines couvertes de *soies* très-roides ; le tarse très-court et garni de plumes ; un pinceau de *soies* sous le bec ou le cou.
15.	AIGLE. *Aquila.*	Le bec crochu à l'extrémité ; la tête plate en dessus, et garnie de plumes ; la base du bec recouverte d'une peau molle ou *cire;* les ailes très-longues ; la première penne de l'aile très-courte ; le tarse court , gros et garni de plumes en tout ou en partie.
16.	AUTOUR. *Astur.*	Le bec crochu à l'extrémité ; la tête plate en dessus, et garnie de plumes ; la base du bec recouverte d'une *cire;* les ailes courtes ; la première penne de l'aile très-courte, le tarse long.

17. **ÉPERVIER.**
Nisus.

{ Le bec courbé dès la base ; la tête plate en dessus et garnie de plumes ; la base du bec recouverte d'une *cire ;* les ailes courtes ; la première penne de l'aile très-courte ; le tarse long.

18. **BUSE.**
Buteo.

{ Le bec courbé dès la base ; la tête plate en dessus, et garnie de plumes ; la base du bec recouverte d'une *cire ;* les ailes très-longues ; la première penne de l'aile très-courte ; le tarse gros et court.

19. **BUSARD.**
Circus.

{ Le bec courbé dès la base ; la tête plate en dessus, et garnie de plumes ; la base du bec recouverte d'une *cire ;* les ailes très-longues ; la première penne de l'aile très-courte ; le tarse long et grêle.

20. **MILAN.**
Milvus.

{ Le bec courbé dès la base ; la tête plate en dessus, et garnie de plumes ; la base du bec recouverte d'une *cire ;* les ailes très-longues ; la première penne de l'aile très-courte ; le tarse court et foible.

21. **FAUCON.**
Falco.

{ Le bec courbé dès la base ; la tête plate en dessus, et garnie de plumes ; la base du bec recouverte d'une *cire ;* les ailes très-longues ; la première penne de l'aile très-longue ; le tarse court et fort.

22. **CHOUETTE.**
Strix.

{ Le bec courbé dès la base, et dénué de *cire ;* la tête aplatie de devant en arrière ; les yeux entourés de plumes fines et roides ; les tarses, et quelquefois les doigts, couverts de plumes.

SECONDE SOUS-DIVISION.

Ongles peu crochus ; doigts exterieurs libres , ou unis seulement le long de la première phalange.

PASSEREAUX.

HUITIÈME ORDRE.

Bec dentelé.

23. **PHYTOTOME.**
Phytotoma.

{ Le bec droit et conique ; la langue courte et non pointue.

NEUVIÈME ORDRE.

Bec échancré.

24. **PIÉ-GRIÈCHE.**
Lanius.
{ L'échancrure du bec très-sensible ; le bec un peu comprimé ; la mandibule supé-rieure un peu crochue vers le bout.

25. **TYRAN.**
Tyrannus.
{ Le bec long , droit, et garni de *soies* à sa base.

26. **GOBE-MOUCHE.**
Muscicapa.
{ Le bec court , droit, et garni de *soies* à sa base.

27. **MOUCHEROLLE.**
Muscivora.
{ Le bec court , déprimé', droit, et garni de *soies* à sa base.

28. **MERLE.**
Turdus.
{ Le bec comprimé, au moins près de la base.

29. **FOURMILIER.**
Myrmecophaga.
{ Le bec long et comprimé, au moins près de la base ; le tarse allongé ; les ailes et la queue courtes.

30. **LORIOT.**
Oriolus.
{ Le bec conique vers la pointe ; le tarse fort.

31. **COTINGA.**
Ampelis.
{ Le bec déprimé à sa base.

32. **TANGARA.**
Tanagra.
{ Le bec conique , pointu , presque triangu-laire à sa base, et un peu incliné vers le bas à sa pointe.

DIXIÈME ORDRE.

Bec droit et conique.

33. **CACIQUE.**
Caçicus.
{ La bec à pointe acérée, à base arrondie, très-gros, très-long, et formant une échan-crure arrondie dans les plumes du front.

34. **TROUPIALE.**
Icterus.
{ Le bec à pointe acérée , à base arrondie , et formant une échancrure pointue dans les plumes du front.

35. **CAROUGE.**
Xanthornus.
{ Le bec grêle à pointe acérée, et à base arrondie.

36. **ÉTOURNEAU.**
Sturnus.
{ Le bec allongé, à pointe acérée, à base anguleuse et un peu déprimée ; les ou-vertures des narines un peu recou-vertes.

37. **Gros-bec.** *Loxia.* { Le bec court, très-gros à sa base, et peu convexe.

38. **Bouvreuil.** *Pyrrhula.* { Le bec court, très-gros à sa base, et convexe par-dessus et par-dessous.

39. **Moineau.** *Fringilla.* { Le bec court et peu gros à sa base.

40. **Bruant.** *Emberyza.* { Le bec pointu ; la mandibule supérieure plus ou moins étroite que l'inférieure ; la ligne de réunion des deux mandibules courbe ; une petite éminence osseuse au palais.

ONZIÈME ORDRE.

Bec droit et comprimé.

41. **Gracule.** *Gracula.* { La base du bec dénuée de plumes ; une ou plusieurs places dénuées de plumes sur la tête.

42. **Corbeau.** *Corvus.* { Le bec gros et fort ; les ouvertures des narines recouvertes par des *soies* roides ; la langue divisée et cartilagineuse.

43. **Rollier.** *Coracias.* { Le bec fort ; l'extrémité de la mandibule supérieure se recourbant un peu sur l'inférieure ; les ouvertures des narines dénuées de *soies* roides et tournées en avant ; la langue fourchue et cartilagineuse ; le tarse court.

44. **Paradis.** *Paradisea.* { Le tour de la base du bec et le front garnis de plumes courtes, serrées, et très-soyeuses.

45. **Sittelle.** *Sitta.* { Le bec allongé ; la langue dentelée, courte, et cornée à l'extrémité ; la queue composée de pennes très-roides.

46. **Pic-bœuf.** *Buphaga.* { Le bec presque quadrangulaire ; les mandibules un peu bombées.

47. **Picoïde.** *Picoïdes.* { La langue très-longue, extensible, ronde, et garnie, à son extrémité, de petites pointes recourbées en arrière ; chaque pied ne présentant que trois doigts.

DOUZIÈME ORDRE.

Bec droit et menu.

48.	**MÉSANGE.** *Parus.*	Le bec étroit, pointu, dur, fort, et recouvert de petites plumes à sa base; la langue terminée par une sorte de ligne droite et par des filamens; le doigt de derrière grand et fort.
49.	**ALOUETTE.** *Alauda.*	La langue fourchue; l'ongle du doigt de derrière presque droit et très-long.
50.	**BECFIN.** *Sylvia.*	Le bec en forme d'alène; les tarses et la queue courts.
51.	**MOTACILLE.** *Motacilla.*	Le bec en forme d'alène; les tarses et la queue longs; les dernières pennes de l'aile très-prolongées.

TREIZIÈME ORDRE.

Bec très-court.

52.	**HIRONDELLE.** *Hirundo.*	Le bec déprimé et très-large à la base; la langue courte, large et fendue; les ailes très-longues.
53.	**ENGOULEVENT.** *Caprimulgus.*	Le bec très-déprimé à sa base, qui est garnie de plumes petites et roides; les yeux très-grands; l'ongle du doigt du milieu, dentelé d'un côté.

QUATORZIÈME ORDRE.

Bec arqué.

54.	**GLAUCOPE.** *Glaucopis.*	Une caroncule à la base de la mandibule inférieure, qui est plus courte que la supérieure; les ouvertures des narines couvertes à demi par une membrane un peu cartilagineuse, et ciliée à son extrémité.
55.	**HUPPE.** *Upupa.*	Le bec long, grêle, un peu comprimé, et obtus; la langue obtuse et très-courte.
56.	**GRIMPEREAU.** *Corthia.*	Le bec long et menu; la langue longue et aiguë.
57.	**COLIBRI.** *Trochilus.*	Le bec très-grêle; la langue tubulée et extensible.

QUINZIÈME ORDRE.

Bec renflé.

58. MOUCHE. { Le bec droit et renflé vers le bout.
Orthorhyncus.

TROISIÈME SOUS-DIVISION.

Doigts extérieurs unis dans presque toute leur longueur.

PLATYPODES.

SEIZIÈME ORDRE.

Bec dentelé.

59. CALAO. { Le bec très-grand, de substance mince et
Buceros.   légère, surmonté d'une grande protu-
              bérance, et, pour ainsi dire, d'une
              fausse mandibule.

60. MOMOT. { Point de proéminence cornée sur le bec.
Momot.

DIX-SEPTIÈME ORDRE.

Bec droit et comprimé.

61. ALCYON. { Le bec très-long; la langue courte; le
Alcedo.   tarse très-court.

62. CÉYX, { Le bec très-long; la langue courte; le
Ceyx.   tarse très-court; chaque pied ne pré-
             sentant que trois doigts.

DIX-HUITIÈME ORDRE.

Bec droit et déprimé.

63. TODIER. { Le bec long, et entouré à sa base de plu-
Todus.   mes un peu roides.

DIX-NEUVIÈME ORDRE.

Bec droit et menu.

64. MANAKIN. { Le bec court et dur; la queue courte.
Pipra.

VINGTIÈME ORDRE.

Bec arqué.

65. **GUÉPIER.**
Merops.
{ Le bec pointu ; la langue déliée.

QUATRIÈME SOUS-DIVISION.

Doigts de devant réunis à leur base par une membrane.

GALLINACÉES.

VINGT-UNIÈME ORDRE.

Bec renflé.

66. **PIGEON.**
Columba.
{ Le bec grêle et renflé vers la pointe ; les ouvertures des narines recouvertes à demi par une membrane molle et comme gonflée ; la langue non divisée ; le tarse court.

67. **TÉTRAS.**
Tetrao.
{ Le bec court ; les ouvertures des narines cachées sous des plumes ; une place auprès des yeux, dénuée de plumes ; le tarse garni de plumes.

68. **PERDRIX.**
Perdix.
{ Le bec court ; les ouvertures des narines couvertes d'une callosité ; une place auprès des yeux dénuée de plumes ; le tarse dénué de plumes.

69. **TINAMOU.**
Tinamou.
{ Le bec long ; les ouvertures des narines éloignées de la base du bec ; une place auprès des yeux garnie de plumes clair-semées.

70. **TRIDACTYLE.**
Tridoctylus.
{ Le bec court ; les ouvertures des narines couvertes d'une callosité ; une place auprès des yeux dénuée de plumes ; chaque pied ne présentant que trois doigts.

71. **PAON.**
Pavo.
{ Le sommet de la tête orné de plumes très-relevées, élargies à leur extremité, et en forme d'aigrette.

72. **FAISAN.**
Phasianus.
{ Une place dénuée de plumes sur chaque joue ; les pennes intermédiaires de la queue recouvrant les latérales.

73. **PINTADE.**
Numida.
{ Une proéminence osseuse et recourbée en arrière sur le sommet de la tête.

74. **DINDON.**
Meleagris.
{ La tête couverte de papilles charnues; le cou garni de bourbillons charnus.

75. **HOCCO.**
Crax.
{ Une *cire* sur la base du bec; les plumes du dessus de la tête retournées vers le bec, ou relevées en huppe.

76. **PÉNÉLOPE.**
Penelope.
{ Point de *cire*; les plumes du dessus de la tête retournées vers le bec, ou relevées en huppe.

77. **GOUAN.**
Gouan.
{ Point de *cire*; une caroncule sous la gorge; les plumes du dessus de la tête très-roides, ou retournées vers le bec, ou relevées en huppe.

SECONDE SOUS-CLASSE.

Le bas de la jambe dénué de plumes, ou plusieurs doigts réunis par une large membrane.

PREMIÈRE DIVISION.

Trois doigts devant; un doigt, ou point de doigt derrière.

PREMIÈRE SOUS-DIVISION.

Doigts de devant entièrement réunis par une membrane.

OISEAUX D'EAU.

VINGT-DEUXIÈME ORDRE.

Bec crochu.

78. **FLAMAND.**
Phœnicopterus.
{ Le bec grand, large, fléchi vers son milieu.

79. **ALBATROSSE.**
Diomedea.
{ Le bec grand, fort, tranchant, et terminé par un gros crochet; les ouvertures des narines placées à l'extrémité d'un petit rouleau longitudinal; chaque pied ne présentant que trois doigts.

80. PÉLÉCANOÏDE. *Pelecanoïdes.*
{ Une poche sous la gorge ; chaque pied ne présentant que trois doigts.

81. PÉTREL. *Procellaria.*
{ Les deux mandibules égales ; les ouvertures des narines placées à l'extrémité d'un cylindre longitudinal ; un ongle tenant lieu du pouce de chaque pied.

VINGT-TROISIÈME ORDRE.

Bec dentelé.

82. CANARD. *Anas.*
{ Le bec large, arrondi à son extrémité, et garni, tout autour des mandibules, de petites lames verticales.

83. HARLE. *Mergus.*
{ Le bec étroit et allongé ; les deux mandibules garnies de dents pointues, petites et dirigées en arrière.

84. PRION. *Prion.*
{ Un ongle tenant lieu du pouce de chaque pied.

VINGT-QUATRIÈME ORDRE.

Bec droit et comprimé.

85. BCE EN CISEAUX. *Rhyncops.*
{ La mandibule supérieure plus courte que l'inférieure, dont l'extrémité est rectiligne, et n'a qu'un seul tranchant.

86. PLONGEON. *Urinator.*
{ Le bec fort et pointu ; quatre doigts à chaque pied.

87. GRÈBE. *Colymbus.*
{ Le bec fort et pointu ; quatre doigts à chaque pied ; les membranes des pieds échancrées.

88. GUILLEMOT. *Uria.*
{ Le bec un peu haut et pointu ; chaque pied ne présentant que trois doigts ; les ailes très-courtes.

89. ALQUE. *Alca.*
{ Le bec très-haut et sillonné ; chaque pied ne présentant que trois doigts ; les ailes très-courtes.

90. PINGOUIN. *Pingouin.*
{ Le bec arrondi dans le bout, et sillonné ; chaque pied ne présentant que trois doigts ; les ailes très-courtes.

91. MANCHOT. *Aptenodytes.*
{ Le bec droit et pointu ; un ongle à la place du pouce ; point de pennes aux ailes.

VINGT-CINQUIÈME ORDRE.

Bec droit et menu.

92. **STERNE.**
Sterna.
{ Le bec effilé et pointu ; les ouvertures des narines longues et étroites ; les ailes très-longues ; les tarses courts.

VINGT-SIXIÈME ORDRE.

Bec arqué.

93. **AVOCETTE.**
Recurvirostra.
{ Le bec très-long , et recourbé vers le haut.

VINGT-SEPTIÈME ORDRE.

Bec renfle.

94. **MAUVE.**
Larus.
{ Le bec fort et renflé par-dessus et par-dessous ; les ailes très-longues.

DEUXIÈME SOUS-DIVISION.

Quatre doigts réunis par une large membrane.

OISEAUX D'EAU LATIRÈMES.

VINGT-HUITIÈME ORDRE.

Bec crochu.

95. **FRÉGATE.**
Fregata.
{ Le bec long et très-crochu vers son extrémité.

96. **CORMORAN.**
Carbo.
{ Le bec un peu comprimé ; la queue très-roide.

VINGT-NEUVIÈME ORDRE.

Bec dentelé.

97. **FOU.**
Sula.
{ Le bec droit.

98. **PHAÉTON.**
Phaëton.
{ Le bec grêle, pointu , un peu comprimé les ailes très-longues.

99. **A**nhinga.
Plotus.
{ Le bec long, pointu, et sans aucune sorte de crochet; des places dénuées de plumes sur la tête ou sur le cou; le tarse court.

TRENTIÈME ORDRE.

Bec droit et déprimé.

100. **P**élican.
Pelecanus.
{ Le bec long; une sorte de sac sous la gorge.

TROISIÈME SOUS-DIVISION.

Doigts reunis à leur base par une membrane.

OISEAUX DE RIVAGE.

TRENTE-UNIÈME ORDRE.

Bec crochu.

101. **M**essager.
Ierpentarius.
{ Le bec très-fort; une *cire* à sa base.

102. **K**amichi.
Palamedea.
{ Le bec un peu conique auprès de sa base.

103. **G**laréole.
Glareola.
{ Le bec court et droit dans une grande partie de sa longueur.

TRENTE-DEUXIÈME ORDRE.

Bec droit et conique.

104. **A**gami.
Psophia.
{ La mandibule supérieure plus longue que l'inférieure.

105 **V**aginal.
Vaginalis.
{ La mandibule supérieure renfermée en partie dans une gaine de matière cornée; chaque pied ne présentant que trois doigts.

TRENTE-TROISIÈME ORDRE.

Bec droit et comprimé.

106. **GRUE.**
Grus.

{ Le bec court, fort, et un peu pointu ; les ouvertures des narines étroites et allongées ; un sillon longitudinal de chaque côté de la mandibule supérieure ; la langue pointue ; pluseurs parties de la tête dénuées de plumes.

107. **CICOGNE.**
Ciconia.

{ Le bec long, fort, et un peu pointu ; les ouvertures des narines étroites et allongées ; un sillon longitudinal de chaque côté de la mandibule supérieure ; la langue pointue ; les yeux entourés d'une peau nue.

108. **HÉRON.**
Ardea.

{ Le bec long, fort, et un peu pointu ; les ouvertures des narines étroites et allongées ; un sillon longitudinal de chaque côté de la mandibule supérieure ; la langue pointue ; les yeux entourés d'une peau nue et situés très-près de la base du bec ; l'ongle du doigt du milieu dentelé.

109. **BEC-OUVERT.**
Hians.

{ Les deux mandibules toujours séparées l'une de l'autre, dans une partie de leur longueur.

110. **RALLE.**
Rallus.

{ Le bec pointu ; la tête petite ; le corps comprimé ; la queue courte ; les doigts antérieurs très-longs.

111. **OMBRETTE.**
Scopus.

{ Le bec long ; les mandibules épaisses ; le tarse long ; les ongles petits.

112. **HUITRIER.**
Hæmatopus.

{ L'extrémité du bec en forme de coin ; chaque pied ne présentant que trois doigts.

TRENTE-QUATRIÈME ORDRE.

Bec droit et déprimé.

113. **SAVACOU.**
Cancroma.

{ Le bec très-large ; les mandibules fortes et tranchantes.

114. **SPATULE.**
Platalea.

{ Le bec long, et élargi en forme de disque à son extrémité.

TRENTE-CINQUIÈME ORDRE.

Bec droit et menu.

115. Bécasse.
Scolopax.
{ Le bec grêle, émoussé, et plus long que la tête; le doigt de derrière un peu long, et placé à peu près au niveau des doigts de devant.

TRENTE-SIXIÈME ORDRE.

Bec arqué.

116. Jabiru.
Mycteria.
{ Le bec recourbé vers le haut.

117. Ibis.
Ibis.
{ Le bec long, fort, tranchant, et émoussé à son extrémité; des places dénuées de plumes sur la tête.

118. Courlis.
Tantalus.
{ Le bec long, fort, tranchant, et émoussé à son extrémité; point de places dénuées de plumes sur la tête.

119. Échasse.
Macrotorsus.
{ Le tarse long et grêle, chaque pied ne présentant que trois doigts.

TRENTE-SEPTIÈME ORDRE.

Bec renflé.

120. Hydrogalline.
Hydrogallina.
{ La mandibule inférieure renflée vers son extrémité; une plaque dénuée de plumes sur le front; les doigts non bordés, ou bordés d'une membrane très-étroite.

121. Foulque.
Fulica.
{ La mandibule inférieure renflée vers son extrémité; une plaque dénuée de plumes sur le front; les doigts bordés d'une membrane très-large.

122. Jacana.
Jacana.
{ Des barbillons charnus auprès de la base du bec; un aiguillon auprès du métacarpe.

123. Vanneau.
Parra.
{ Le bec grêle, le doigt de derrière très-court, et ne portant pas à terre quand l'oiseau marche; les doigts de devant non bordés, ou bordés d'une très-petite membrane.

124. **PHALAROPE.**
Phalaropus.
{ Le bec grêle ; le doigt de derrière très-court, et ne portant pas à terre quand l'oiseau marche ; les doigts de devant bordés d'une large membrane.

125. **PLUVIER.**
Charadrias.
{ Bec grêle ; chaque pied ne présentant que trois doigts.

126. **OUTARDE.**
Otis.
{ Le bec fort ; les deux ouvertures des narines communiquant de très-près l'une avec l'autre ; le tarse long et fort ; chaque pied ne présentant que trois doigts.

SECONDE DIVISION.

Deux, trois ou quatre doigts très-forts.

PREMIÈRE SOUS-DIVISION.

Doigts non réunis à leur base par une membrane.

OISEAUX COUREURS.

TRENTE-HUITIÈME ORDRE.

Bec droit et déprimé.

127. **AUTRUCHE.**
Struthio.
{ Le tarse long et fort ; chaque pied ne présentant que deux doigts.

128. **TOUYOU.**
Touyou.
{ Chaque pied ne présentant que trois doigts ; une tubérosité tenant lieu de pouce.

TRENTE-NEUVIÈME ORDRE.

Bec arqué.

129. **CASOAR.**
Rhea.
{ Le bec comprimé ; une protubérance osseuse sur le sommet de la tête ; chaque pied ne présentant que trois doigts.

QUARANTIÈME ORDRE.

Bec renflé.

130. **DRONTE.**
Didus.
{ Le bec long et fendu jusques au-delà des yeux ; quatre ou seulement trois doigts à chaque pied.

SUPPLÉMENT

A LA

TABLE MÉTHODIQUE DES MAMMIFÈRES.

———

On pourra ajouter facilement à la table méthodique des mammifères les genres, ou sous-genres suivans :

Après les dasyures, les péramèles de M. le chevalier Geoffroy de Saint-Hilaire ;

Auprès des kanguroos, les koalas de M. le chevalier Cuvier, et les phascolomes de M. le chevalier Geoffroy de Saint-Hilaire ;

Auprès des ours, les ratons, les blaireaux et les gloutons de M. le chevalier Cuvier, et de M. Storr, professeur à Tubingen ;

Après les desmans, les scalopes de M. Cuvier ;

Après les chiens, les hyènes de M. Storr, et de M. Cuvier ;

Après les civettes, les genettes de M. le chevalier Cuvier ;

Auprès des martes, les putois et les mouffettes de M. le chevalier Cuvier, et les loutres de M. Storr ;

Auprès des Cabiais, les cobayes (anœma), et les pacas (cœlogenus) de M. Fréderic Cuvier ;

Après les campagnols, les lemmings de M. le chevalier Cuvier, et les échimys de M. le chevalier Geoffroy ;

Après les loirs, les hydromys de M. le chevalier Geoffroy ;

Auprès des talpoïdes, les rats-taupes du Cap (oryctères) de M. Fréderic Cuvier ;

Auprès des gerboises, les hélamys, ou lièvres sauteurs de M. Fréderic Cuvier ;

Après les écureuils, les polatouches de M. le chevalier Cuvier;

Après les paresseux, les mégalonix (fossiles) de M. Jefferson, (mégathérium) de M. le chevalier Cuvier;

Après les sangliers ou cochons, les phacochæres de M. Fréderic Cuvier, les pécaris et les anoplothérium (fossiles) de M. le chevalier Cuvier;

Après les éléphans, les mastodontes (fossiles) de M. le chevalier Cuvier;

Après les rhinocéros, les palæothérium (fossiles) de M. le chevalier Cuvier;

Après les chauve-souris, les roussettes à petite queue, les céphalottes, les molosses, les nyctinomes et les sténodermes de M. le chevalier Geoffroy;

Après les phyllostomes, les mégadermes de M. le chevalier Geoffroy; et

Après les rhinolophes, les nyctères, les rhynopomes et les taphiens du même naturaliste.

TABLE MÉTHODIQUE
DE LA CLASSE DES MAMMIFÈRES.

PREMIÈRE DIVISION.

Point d'ailes membraneuses ni de nageoires.

QUADRUPÈDES PROPREMENT DITS.

PREMIÈRE SOUS-DIVISION.

Les quatre pieds en forme de mains.

QUADRUMANES.

PREMIER ORDRE.

Dents incisives, laniaires et molaires.

1.	SINGE. *Simia.*	Quatre dents incisives à chaque mâchoire ; angle facial de 65 degrés ; point d'abajoues ni de queue. Singe Satyre. — *Simia satyrus.*
2.	GUENON. *Cercopithecus.*	Quatre dents incisives à chaque mâchoire ; angle facial de 60 degrés ; abajoues ; queue ; fesses calleuses. Guenon Nasique. — *Cercopithecus Nasica.*
3.	SAPAJOU. *Sapajou.*	Quatre dents incisives à chaque mâchoire ; angle facial de 60 degrés ; point d'abajoues ; queue prenante ; fesses velues. Sapajou coaita. — *Sapajou paniscus.*
4.	SAGOUIN. *Sagouin.*	Quatre dents incisives à chaque mâchoire ; angle facial de 60 degré ; point d'abajoues ; queue non prenante ; fesses velues. Sagouin Ouistiti. — *Sagouin Jacchus.*

5. **ALOUATTE.**
Alouatta.
{ Quatre dents incisives à chaque mâchoire ; tête pyramidale ; point d'abajoues ; queue prenante ; fesses velues. Alouatte hurleur. — *Alouatta Beelzebut.*

6. **MACAQUE.**
Macaca.
{ Quatre dents incisives à chaque mâchoire ; angle facial de 45 degrés ; abajoues ; fesses calleuses. Macaque Magot. — *Macaca Inuus.*

7. **PONGO.**
Pongo.
{ Quatre dents incisives à chaque mâchoire ; angle facial de 3o degrés ; abajoues ; point de queue ; fesses calleuses. Pongo Bornéo. — *Pongo Borneo.*

8. **BABOUIN.**
Cynocephalus.
{ Quatre dents incisives à chaque mâchoire ; angle facial de 3o degrés ; abajoues ; queue ; fesses calleuses. Babouin Mandrill. — *Cynocephalus Maimon.*

9. **MAKI.**
Lemur.
{ Quatre incisives supérieures ; six inférieures inclinées en avant. Maki Mococo. — *Lemur catta.*

10. **INDRI.**
Indri.
{ Quatre incisives supérieures ; quatre incisives inférieures inclinées en avant ; museau pointu. Indri noir. — *Indri niger.*

11. **LORI.**
Lori.
{ Quatre incisives supérieures ; quatre incisives inférieures inclinées en avant ; tête ronde ; museau relevé. Lori du Bengale. — *Lori bengalensis.*

12. **TARSIER.**
Macrotarsus.
{ Quatre incisives supérieures ; deux incisives inférieures ; tarse très-long. Tarsier indien. — *Macrotarsus indicus.*

13. **GALAGO.**
Galago.
{ Deux incisives supérieures ; six incisives inférieures ; tarse très-long. Galago sénégalien. — *Galago senegalensis.*

DEUXIÈME SOUS-DIVISION.

Les pieds de derrière en forme de mains,

PÉDIMANES.

DEUXIÈME ORDRE.

Dents incisives, lantaires et molatres.

14. **DIDELPHE.**
Didelphis.
{ Deux incisives supérieures ; huit incisives inférieures. Didelphe Opossum. — *Didelphis Opossum*

15. **DASYURE.**
Dasyurus.
{ Huit incisives supérieures ; six incisives inférieures. Dasyure tacheté. — *Dasyurus maculatus.*

16. **CŒSCOÈS.**
Cœscoes.
{ Six incisives supérieures ; deux incisives inférieures ; deux ou trois doigts de derrière, réunis jusqu'à l'ongle ; queue écailleuse et prenante. Cœscoès d'Amboine. — *Cœscoes amboinensis.*

17. **PHALANGER.**
Phalanger.
{ Six incisives supérieures ; deux incisives inférieures ; deux ou trois doigts de derrière, réunis jusqu'à l'ongle ; queue touffue et non prenante. — Phalanger volant. — *Phalanger volans.*

TROISIÈME ORDRE.

Dents incisives et molaires.

18. **KANGUROO.**
Kanguroo.
{ Huit ou dix incisives supérieures ; deux incisives inférieures et dirigées en avant ; les deux doigts intérieurs des pieds de derrière réunis jusqu'aux ongles. Kanguroo géant. — *Kanguroo gigas.*

19. **AYE-AYE.**
Aye-aye.
{ Deux incisives supérieures ; et deux incisives inférieures très-comprimées. Aye-aye. — *Aye-aye madagascariensis.*

TROISIÈME SOUS-DIVISION.

*La plante des pieds articulée de manière à s'appuyer
sur la terre quand l'animal marche.*

PLANTIGRADES.

QUATRIÈME ORDRE.

Dents incisives, laniaires et molaires.

20.	OURS. *Ursus.*	Six incisives à chaque mâchoire ; la seconde des incisives inférieures de chaque côté, placée un peu plus en arrière que les autres. Ours vulgaire. — *Ursus Arctos.*
21.	COATI. *Coati.*	Six incisives à chaque mâchoire ; la seconde des incisives inférieures de chaque côté, placée un peu plus en arrière que les autres ; nez long et mobile. Coati noirâtre. — *Coati nasica.*
22.	KINKAJOU. *Kinkajou.*	Six incisives à chaque mâchoire ; la première ou la seconde des incisives inférieures de chaque côté, placée un peu plus en arrière que les autres ; queue prenante. Kinkajou Poto. — *Kinkajou caudivolvula.*
23.	MANGOUSTE. *Ichneumon.*	Six incisives à chaque mâchoire ; la seconde des incisives inférieures de chaque côté, placée un peu plus en arrière que les autres ; langue hérissée de papilles dures. Mangouste Pharaon. — *Ichneumon Pharaon.*
24.	HÉRISSON. *Erinaceus.*	Six incisives inégales à chaque mâchoire ; laniaires très-courtes ; corps couvert de piquans. Hérisson vulgaire. — *Erinaceus europœus.*
25.	TENREC. *Tenrec.*	Six incisives égales à chaque mâchoire ; laniaires très-longues ; corps couvert de piquans. Tenrec hérissé. — *Tenrec ecaudatus.*
26.	MUSARAIGNE. *Sorex.*	Six ou huit incisives inégales à chaque mâchoire ; la première incisive inférieure de chaque côté, très-longue et couchée en avant ; laniaires tèrs-courtes ; corps couvert de poils. Musaraigne Musette. — *Sorex musaraneus.*

27. **DESMAN.** *Desman.* — Six ou huit incisives inégales à chaque mâchoire ; la seconde incisive de chaque côté très-longue ; laniaires très-courtes ; corps couvert de poils. Desman musqué. — *Desman moschatus.*

28. **CHRYSOCHLORIS.** *Chrysochloris.* — Six ou huit incisives inégales à chaque mâchoire ; la seconde incisive de chaque côté très-longue ; laniaires très-courtes ; point de queue ; corps couvert de poils. Chrysochloris du Cap. — *Chrysochloris capensis.*

29. **TAUPE.** *Talpa.* — Six incisives supérieures et huit inférieures égales ; laniaires très-longues. Taupe à crête. — *Talpa cristata.*

QUATRIÈME SOUS-DIVISION.

Les doigts sans sabots.

DIGITIGRADES.

CINQUIÈME ORDRE.

Dents incisives, laniaires et molaires.

CARNASSIERS.

30. **CHIEN.** *Canis.* — Plusieurs incisives échancrées ; molaires nombreuses ; langue sans aspérités ; ongles non rétractiles. Chien familier. — *Canis familiaris.*

31. **FÉLIS.** *Felis.* — Incisives petites et égales ; molaires peu nombreuses et à pointe aiguë ; langue hérissée de papilles dures ; ongles rétractiles. Félis lion. — *Felis leo.*

32. **CIVETTE.** *Viverra.* — Quatre ou cinq molaires de chaque côté ; langue hérissée de papilles ; ongles à demi-rétractiles. Civette vulgaire. — *Viverra Civetta.*

33. **MARTE.** *Mustela.* — La seconde incisive de chaque côté de la mâchoire inférieure placée plus en arrière que les autres ; jambes courtes. Marte Zibeline. — *Mustela zibelina.*

SIXIÈME ORDRE.

Dents incisives et molaires.

RONGEURS.

34. Lièvre.
Lepus.

{ Deux incisives supérieures et doubles, molaires composées de lames verticales; jambes de derrière plus longues que celles de devant; queue. Lièvre timide. — *Lepus timidus.*

35. Pika.
Pika.

{ Deux incisives supérieures et doubles; molaires composées de lames verticales; jambes de derrière à peu près égales à celles de devant; point de queue. Pika alpin. — *Pika alpinus.*

36. Daman.
Hyrax.

{ Deux incisives supérieures, courbes et pointues; quatre incisives inférieures, plates et dentelées; point de clavicules ni de queue. Daman du Cap. — *Hyrax capensis.*

37. Cabiai.
Cavia.

{ Deux incisives supérieures; deux incisives inférieures; dents molaires sillonnées; point de clavicules ni de queue. Cabiai Cobaya. — *Cavia Cobaya.*

38. Agouti.
Agouti.

{ Deux incisives supérieures; deux incisives inférieures; point de clavicules; queue. Agouti Paca. — *Agouti Paca.*

39. Castor.
Castor.

{ Clavicules; queue ovale, déprimée et garnie d'écailles. Castor Bièvre. — *Castor Fiber.*

40. Ondatra.
Ondatra.

{ Deux incisives supérieures non comprimées; deux incisives inférieures tranchantes; molaires sillonnées; queue comprimée et écailleuse. Ondatra zibéthin. — *Ondatra zibethicus.*

1 . Marmotte.
Arctomys.

{ Deux incisives supérieures non comprimées; deux incisives inférieures tranchantes; dix molaires supérieures; queue velue. Marmotte alpine. — *Arctomys alpina.*

42. **Hamster.**
Hamster.
Deux incisives supérieures non comprimées ; deux incisives inférieures pointues ; six molaires supérieures ; abajoues ; queue velue. Hamster noirâtre. — *Hamster nigricans.*

43. **Rat.**
Mus.
Deux incisives supérieures non comprimées ; deux incisives inférieures pointues ; six molaires supérieures ; point d'abajoues ; queue écailleuse. Rat surmulot. — *Mus decumanus.*

44. **Campagnol.**
Arvicola.
Deux incisives supérieures non comprimées ; deux incisives inférieures tranchantes ; molaires sillonnées ; point d'abajoues ; queue velue. Campagnol aquatique. — *Arvicola amphibius.*

45. **Loir.**
Myoxus.
Deux incisives supérieures non comprimées ; deux incisives inférieures pointues ; six molaires supérieures ; point d'abajoues ; queue velue. Loir vulgaire. — *Myoxus Glis.*

46. **Talpoïde.**
Talpoïdes.
Deux incisives supérieures non comprimées ; deux incisives inférieures longues et fortes ; six molaires supérieures ; point d'abajoues ni de queue. Talpoïde Typhle. — *Talpoïdes Typhlis.*

47. **Gerboise.**
Dipus.
Deux incisives supérieures non comprimées ; deux incisives inférieures pointues ; six molaires supérieures ; point d'abajoues ; pieds de derrière beaucoup plus longs que ceux de devant ; queue velue. Gerboise Gerboa. — *Dipus Gerboa.*

48 **Ecureuil.**
Sciurus.
Deux incisives supérieures ; deux incisives inférieures et comprimées ; queue garnie de poils épais et rangés des deux côtés comme des barbes de plumes. Ecureuil vulgaire. — *Sciurus vulgaris.*

49. **Porcépic.**
Hystrix.
Corps couvert de longs piquans. Porcépic à crête. — *Hystrix cristata.*

50. **Cœndou.**
Cœndou.
Corps couvert de piquans ; la queue prenante. Cœndou américain. — *Cœndou prehensilis.*

SEPTIÈME ORDRE.

Dents laniaires et molaires.

51. **PARESSEUX.**
Bradypus.
{ Les pieds de devant plus longs que ceux de derrière ; les doigts réunis jusqu'aux ongles. Paresseux Unau. — *Bradypus didactylus.*

HUITIÈME ORDRE.

Dents molaires.

52. **TATOU.**
Dasypus.
{ Corps recouvert de têts. Tatou Cachicame. — *Dasypus novemcinctus.*

53. **ORYCTÉROPE.**
Orycteropus.
{ Museau très-long ; langue très-longue et déliée ; ongles plats. Oryctérope du Cap. *Orycteropus capensis.*

NEUVIÈME ORDRE.

Point de dents.

54. **FOURMILIER.**
Myrmecophaga
{ Langue très-longue , déliée et extensible ; corps couvert de poils. Fourmilier Tamanoir. — *Myrmecophaga jubata.*

55. **ECHIDNE.**
Echidna.
{ Langue très-longue, déliée et extensible ; corps couvert de piquans. Echidne de la Nouvelle-Hollande. —*Echidna novæ Hollandiæ.*

56. **PANGOLIN.**
Manis.
{ Langue très-longue, déliée et extensible ; corps couvert de grandes écailles. Pangolin Brachiure. — *Manis Brachiura.*

57. **ORNITORYNQUE,**
Ornithoryncus.
{ Le museau large, aplati , et recouvert d'une peau nue ; les bords de la mâchoire inférieure garnis de petites lames transversales. Ornithorynque de la Nouvelle - Hollande. — *Ornithoryncus novæ Hollandiæ.*

CINQUIÈME SOUS-DIVISION.

Les doigts renfermés dans une peau très-épaisse,
ou plus de deux sabots.

PACHYDERMES.

DIXIÈME ORDRE.

Dents incisives, laniaires et molaires.

58.	COCHON. *Sus.*	Incisives inférieures couchées en avant ; museau en forme de boutoir ; doigts intermédiaires de chaque pied touchant seuls la terre. Cochon Sanglier. — *Sus scrofa.*
59.	TAPIR. *Tapirus.*	Museau prolongé en trompe courte mais mobile. Tapir américain. — *Tapirus americanus.*
60.	HIPPOPOTAME. *Hippopotamus.*	Quatre incisives supérieures recourbées en dessous ; quatre incisives inférieures inclinées en avant. Hippopotame africain. — *Hippopotamus africanus.*

ONZIÈME ORDRE.

Dents incisives et molaires.

61.	ELÉPHANT. *Elephas.*	Deux défenses très-longues à la mâchoire supérieure ; trompe très-mobile et très-flexible. Eléphant asiatique. — *Elephas asiaticus.*

DOUZIÈME ORDRE.

Dents molaires.

62.	RHINOCÉROS. *Rhinoceros.*	Une ou deux grosses cornes sur le nez ; de grands sabots à chaque pied. Rhinocéros asiatique. — *Rhinoceros asiaticus.*

SIXIÈME SOUS-DIVISION.

Deux sabots.

BISULQUES OU RUMINANS.

TREIZIÈME ORDRE.

Dents incisives , laniaires et molaires.

63. **CHAMEAU.**
Camelus.
{ Quatre ou six incisives à la mâchoire in-
férieure. Chameau de la Bactriane. —
Camelus bactrianus.

64. **CHEVROTAIN.**
Moschus.
{ Huit incisives à la mâchoire inférieure ;
de longues laniaires à la mâchoire su-
périeure. Chevrotain porte - musc. —
Moschus moschiferus.

QUATORZIÈME ORDRE.

Dents incisives et molaires.

65. **CERF.**
Cervus.
{ Huit incisives à la mâchoire inférieure ;
des cornes crétacées , annuelles et ra-
meuses sur la tête des mâles ; des lar-
miers. Cerf commun.—*Cervus Elaphus.*

66. **GIRAFE.**
Camelopardalis.
{ Deux proéminences du crâne coniques ,
permanentes et revêtues de poils touffus.
Girafe africaine. — *Camelopardalis afri-
cana.*

67. **ANTILOPE,**
Antilope.
{ Cornes permanentes , cylindriques et di-
rigées vers le haut dans la partie voi-
sine de leur base. Antilope Gazelle. —
Antilope Dorcas.

68. **CHÈVRE.**
Capra.
{ Cornes permanentes , comprimées et ridées transversalement ; point de lar-
miers. Chèvre Bouc. —*Capra Ægagrus.*

69 **BREBIS.**
Ovis.
{ Cornes permanentes , anguleuses , ridées ,
dirigées près de leur base en arrière et
en bas , et se contournant ensuite en
spirale. Brebis commune. — *Ovis aries.*

70. **BŒUF.**
Bos.
{ Cornes permanentes, dirigées latérale-
ment et en arrière, et se relevant en-
suite en demi-cercle. Bœuf ordinaire. —
Bos Taurus.

SEPTIÈME SOUS-DIVISION.

Un seul sabot.

SOLIPÈDES.

QUINZIÈME ORDRE.

Dents incisives, laniaires et molaires.

71. **CHEVAL.**
Equus.
{ Six incisives à chaque mâchoire. Cheval
arabe. — *Equus Caballus.*

~~~~~~

SECONDE DIVISION.

Des ailes membraneuses.

MAMMIFERES AILÉS.

———

PREMIÈRE SOUS-DIVISION.

Les pieds de devant garnis de membranes en forme d'ailes.

CHEIROPTÈRES.

SEIXIÈME ORDRE.

Dents incisives, laniaires et molaires.

72. **CHAUVE-SOURIS.**
Vespertilio.
{ Avant-bras, bras, et quatre des doigts de
devant très-allongés; deux ou quatre
incisives supérieures; six ou huit incisives inférieures. Chauve-souris oreil-
lard. — *Vespertilio auritus.*
~~~~~~

(103)

73. **Spectre.**
Spectrum.
{ Avant-bras, bras, et quatre des doigts de devant très-allongés ; deux ou quatre incisives supérieures ; quatre incisives inférieures. Spectre Vampire. — *Spectrum Vampirus.* }

74. **Rhinolophe.**
Rhinolophus.
{ Avant-bras, bras, et quatre des doigts de devant très-allongés; deux ou quatre incisives supérieures ; quatre incisives inférieures ; une sorte de crête sur le nez. Rhinolophe fer-à-cheval. — *Rhinolophus ferrum equinum.* }

75. **Phyllostome.**
Phyllostomus.
{ Avant-bras, bras, et quatre des doigts de devant très-allongés ; deux ou quatre incisives supérieures ; deux ou quatre incisives inférieures; laniaires très-rapprochées du bout du museau; une membrane en forme de feuille sur le nez. Phyllostome fer-de-lance. — *Phyllostomus hastatus.* }

76. **Galéopithèque.**
Galeopithecus.
{ Doigts des pieds de devant à peu près aussi courts que ceux des pieds de derrière, et garnis d'ongles crochus et tranchans. Galéopithèque roux. — *Galeopithecus rufus.* }

DIX-SEPTIÈME ORDRE.

Dents laniaires et molaires.

77. **Noctilion.**
Noctilio.
{ Quatre doigts des pieds de devant très-allongés. Noctilion américaine. — *Noctilio noveboracensis.* }

TROISIÈME DIVISION.

Des nageoires.

MAMMIFERES MARINS.

PREMIÈRE SOUS-DIVISION.

Les pieds de derrière en forme de nageoires.

EMPÊTRÉS.

DIX-HUITIÈME ORDRE.

Dents incisives, laniaires et molaires.

78.	PHOQUE. *Phoca.*	Six incisives supérieures ; quatre incisives inférieures. Phoque à crinière. — *Phoca jubata.*
79.	MORSE. *Trichecus.*	Deux incisives inférieures ; point d'incisives supérieures ; de grandes laniaires supérieures ; point de laniaires inférieures. Morse Rosmarus. — *Trichecus Rosmarus.*

DIX-NEUVIÈME ORDRE.

Dents incisives et molaires.

80.	DUGON. *Dugong.*	Deux laniaires supérieures, droites et courtes ; point de laniaires inférieures. Dugon indien. — *Dugong indicus.*

VINGTIÈME ORDRE.

Dents molaires.

81.	LAMANTIN. *Manatus.*	Pieds de derrière et queue entièrement réunis sous la peau. Lamantin équatorial. — *Manatus æquatorialis.*

DEUXIÈME SOUS-DIVISION.

Point de pieds de derrière.

CÉTACÉES.

VINGT-UNIÈME ORDRE.

Point de dents.

———

PREMIER GENRE.

LES BALEINES. (*Balænæ.*)

*La mâchoire supérieure garnie de fanons ou lames de corne ;
les orifices des évents séparés, et placés vers le milieu de
la partie supérieure de la tête ; point de nageoire dorsale.*

PREMIER SOUS-GENRE.

Point de bosse sur le dos.

ESPÈCES.	CARACTÈRES.
1. LA BALEINE FRANCHE. *Balæna mysticetus.*	Le corps gros et court ; la queue courte.
2. LA BALEINE NORDCAPER. *Balæna Nordcaper.*	La mâchoire inférieure très-arrondie, très-haute et très-large ; le corps allongé ; la queue allongée.

SECOND SOUS-GENRE.

Une ou plusieurs bosses sur le dos.

ESPÈCES.	CARACTÈRES.
3. LA BALEINE NOUEUSE. *Balæna nodosa.*	Une bosse sur le dos ; les nageoires pectorales blanches.
4. LA BALEINE BOSSUE. *Balæna gibbosa.*	Cinq ou six bosses sur le dos ; les fanons blancs.

SECOND GENRE.

Les Baleinoptères. (*Balænopterœ*.) [1]

*La mâchoire supérieure garnie de fanons ou lames de corne;
les orifices des évents séparés, et placés vers le milieu de
la partie supérieure de la tête; une nageoire dorsale.*

PREMIER SOUS-GENRE.

Point de plis sous la gorge ni sous le ventre.

ESPÉCE.	CARACTÈRES.
1. La Baleinoptère GIBBAR. *Balænoptera Gibbar.*	Les mâchoires pointues et également avancées; les fanons courts.

SECOND SOUS-GENRE.

Des plis longitudinaux sous la gorge et sous le ventre.

ESPÈCES.	CARACTÈRES.
2. La Baleinoptère JUBARTE. *Balænoptera Jubartes.*	La nuque élevée et arrondie; le museau avancé, large, et un peu arrondi; des tubérosités presque demi-sphériques au-devant des évents; la dorsale courbée en arrière.
3. La Baleinoptère *Balænoptera Rorqual.*	La mâchoire inférieure arrondie, plus avancée et beaucoup plus large que celle d'en-haut; la tête courte, à proportion du corps et de la queue.
4. La Baleinoptère MUSEAU-POINTU. *Balænoptera acuto-rostrata.*	Les deux mâchoires pointues; celle d'en-haut plus courte et beaucoup plus étroite que celle d'en-bas.

---

[1] *Baleinoptère* signifie *baleine à nageoires*; le mot grec *pteron* veut
dire *nageoire*.

VINGT-DEUXIÈME ORDRE.

Des dents.

TROISIÈME GENRE.

Les Narwals. (*Narwali.*)

Une ou deux défenses très-longues et droites à la mâchoire supérieure ; point de dents à la mâchoire d'en-bas ; les orifices des évents réunis, et situés au plus haut de la partie postérieure de la tête ; point de nageoire dorsale.

ESPÈCES.	CARACTÈRES.
1. Le narwal vulgaire. *Narwalus vulgaris.*	La forme générale ovoïde ; la longueur de la tête égale au quart ou à peu près de la longueur totale ; les défenses sillonnées en spirale.
2. Le narwal mycrocéphale. *Narwalus microcephalus.*	Le corps et la queue très-allongés ; la forme générale presque conique ; la longueur de la tête égale au dixième ou à peu près de la longueur totale ; les défenses sillonnées en spirale.
3. Le narwal andersonien. *Narwalus andersonianus.*	Les défenses unies et sans spirale ni sillons.

QUATRIÈME GENRE.

Les Anarnaks. (*Anarnaci.*)

Une ou deux dents petites et recourbées à la mâchoire supérieure ; point de dents à la mâchoire d'en-bas ; une nageoire sur le dos.

ESPÉCE.	CARACTÈRE.
1. L'anarnak groenlandais. *Anarnak Groenlandicus.*	Le corps allongé.

CINQUIÈME GENRE.

Les Cachalots. (*Catodontes.*)

La longueur de la tête égale à la moitié ou au tiers de la longueur totale du cétacée; la mâchoire supérieure large, élevée, sans dents, ou garnie de dents courtes et cachées presque entièrement par la gencive; la mâchoire inférieure étroite, et armée de dents grosses et coniques; les orifices des évents réunis, et situés au bout de la partie supérieure du museau; point de nageoire dorsale.

PREMIER SOUS-GENRE.

Une ou plusieurs éminences sur le dos.

ESPÈCES.	CARACTÈRES.
1. LE CACHALOT MACROCÉPHALE. *Catodon macrocephalus*	La queue très-étroite et conique; une éminence longitudinale, ou fausse nageoire au-dessus de l'anus.
2. LE CACHALOT TRUMPO. *Catodon Prumpo.*	La tête plus longue que le corps; les dents droites et pointues; le corps et la queue allongés; une éminence arrondie, un peu au-delà de l'origine de la queue.
3. LE CACHALOT SVINEVAL. *Catodon Svineval.*	Les dents courbées, arrondies, et souvent plates à leur extrémité; une callosité raboteuse sur le dos.

SECOND SOUS-GENRE.

Point d'éminence sur le dos.

ESPÈCE.	CARACTÈRES.
4. LE CACHALOT BLANCHATRE. *Catodon albicans.*	Les dents comprimées, courbées et arrondies à leur extrémité.

SIXIÈME GENRE.

Les Physales. (*Physali.*)

La longueur de la tête égale à la moitié ou au tiers de la longueur totale du cétacée ; la mâchoire supérieure large, élevée, sans dents, ou garnie de dents courtes, et cachées presque entièrement par la gencive ; la mâchoire inférieure étroite, et armée de dents grosses et coniques ; les orifices des évents réunis et situés sur le museau, à une petite distance de son extrémité ; point de nageoire dorsale.

ESPÈCE.	CARACTÈRE.
1. Le physale cylindrique. *Physalus cylindricus.*	{ Une bosse sur le dos.

SEPTIÈME GENRE.

Les Physétères. (*Physeteri.*)

La longueur de la tête égale à la moitié ou au tiers de la longueur totale du cétacée ; la mâchoire supérieure large, élevée, sans dents, ou garnie de dents petites et cachées par la gencive ; la mâchoire inférieure étroite et armée de dents grosses et coniques ; les orifices des évents réunis, et situés au bout ou près du bout de la partie supérieure du museau ; une nageoire dorsale.

ESPÈCES.	CARACTÈRES.
1. Le physétère microps. *Physeter microps.*	{ Les dents courbées en forme de faux ; la nageoire du dos grande, droite et pointue.
2. Le physétère orthodon. *Physeter Orthodon.*	{ Les dents droites et aiguës ; une bosse au-devant de la nageoire du dos.

ESPÈCES.	CARACTÈRES.
3. LE PHYSÉTÈRE MULAR. *Physeter Mular.*	Les dents peu courbées, et terminées par un sommet obtus ; la dorsale droite , pointue et très-haute ; deux ou trois bosses sur le dos , au-delà de la nageoire dorsale.

HUITIÈME GENRE.

LES DELPHINAPTÈRES. (*Delphinapteri.*) [1]

Les deux mâchoires garnies d'une rangée de dents très-fortes ; les orifices des deux évents réunis, et situés très-près du sommet de la tête ; point de nageoire dorsale.

ESPÈCES.	CARACTÈRES.
1. LE DELPHINAPTÈRE BÉLUGA. *Delphinapterus oeluga.*	L'ouverture de la gueule, petite ; les dents obtuses à leur sommet.
2. LE DELPHINAPTÈRE SÉNEDETTE *Delphinapterus Senedetta.*	L'ouverture de la gueule grande ; les dents aiguës à leur sommet.

NEUVIÈME GENRE.

LES DAUPHINS. (*Delphini.*)

Les deux mâchoires garnies d'une rangée de dents très-fortes ; les orifices des deux évents réunis, et situés très-près du sommet de la tête ; une nageoire dorsale.

ESPÈCES	CARACTÈRES.
1. LE DAUPHIN VULGAIRE. *Delphinis vulgaris.*	Le corps et la queue allongés ; le museau très-distinct , très-aplati, très-avancé, et en forme de portion d'ovale ; les dents pointues ; la dorsale échancrée du côté de la caudale , et recourbée vers cette nageoire.

---

[1] *Delphinaptère* signifie *dauphin sans nageoire*, ou *sans nageoire dorsale ;* le mot grec *apteros,* signifie *sans nageoire.*

(111)

<table>
<tr><td>ESPÈCES.</td><td>CARACTÈRES.</td></tr>
<tr><td>2. LE DAUPHIN MARSOUIN.
Delphinus Phocœna.</td><td>Le corps et la queue allongés ; le museau arrondi et court ; les dents pointues ; la dorsale presque triangulaire et rectiligne.</td></tr>
<tr><td>3. LE DAUPHIN ORQUE.
Delphinus Orca.</td><td>Le corps et la queue allongés ; le crâne très-peu convexe ; le museau arrondi et très-court ; la mâchoire supérieure un peu plus avancée que celle d'en-bas ; l'inférieure renflée dans sa partie inférieure , et plus large que celle d'en-haut ; les dents inégales , mousses, coniques, et recourbées à leur sommet ; la hauteur de la dorsale, supérieure au dixième de la longueur totale du cétacée ; cette nageoire placée vers le milieu de la longueur du corps proprement dit.</td></tr>
<tr><td>4. LE DAUPHIN GLADIATEUR.
Delphinus gladiator.</td><td>Le corps et la queue allongés ; le dessus de la tête très-convexe ; le museau très-arrondi et très-court ; les deux mâchoires également avancées ; les dents aiguës et recourbées ; la dorsale placée très-près de la nuque , et supérieure , par sa hauteur, au cinquième de la longueur totale du cétacée.</td></tr>
<tr><td>5. LE DAUPHIN NÉSARNACK.
Delphinus Nesarnack.</td><td>Le corps et la queue allongés ; le dessus de la tête très-convexe ; le museau allongé et très-aplati ; la mâchoire inférieure plus avancée que celle d'en-haut ; les dents presque cylindriques, droites et très-émoussées ; la partie antérieure du dos très-relevée ; la dorsale courbée , échancrée et placée très-près de la queue.</td></tr>
<tr><td>6. LE DAUPHIN DIODON.
Delphinus diodon.</td><td>Le corps et la queue coniques et allongés ; le dessus de la tête convexe ; le museau allongé et très-aplati ; la mâchoire d'en-bas ne présentant que deux dents pointues , placées à son extrémité ; la dorsale lancéolée, et située très-près de la queue.</td></tr>
</table>

ESPÈCES.	CARACTÈRES.
7. **LE DAUPHIN VENTRU.** *Delphinus ventricosus.*	Le museau très-court et arrondi; la mâchoire inférieure sans renflement, et aussi avancée que celle d'enhaut; le ventre très-gros; la dorsale située très-près de l'origine de la queue, assez basse et assez longue pour former un triangle rectangle
8. **LE DAUPHIN FÉRÈS.** *Delphinus feres..*	Le museau très-court et arrondi; les dents inégales, ovoïdes, bilobées et arrondies dans leur sommet.
9. **LE DAUPHIN DE DUHAMEL.** *Delphinus Duhamelii.*	Le corps et la queue très-allongés; les dents longues; l'orifice des évents très-large; l'œil placé presque au-dessus de la pectorale; la dorsale située presque au-dessus de l'anus; la mâchoire inférieure, la gorge et le ventre blancs.
10. **LE DAUPHIN DE PÉRON.** *Delphinus Peronii.*	Le dos d'un bleu noirâtre; le ventre, les côtés, le bout du museau et l'extrémité des nageoires et de la queue d'un blanc très-éclatant.
11. **LE DAUPHIN DE COMMERSON.** *Delphinus Commersonii.*	Le dos ou presque toute la surface de l'animal d'un blanc d'argent; les extrémités noirâtres.

———

DIXIÈME GENRE.

LES HYPÉROODONS. (*Hyperoodontes.*).

Le palais hérissé de petites dents; une nageoire dorsale.

ESPÈCES.	CARACTÈRES.
1. **L'HYPÉROODON BUTSKOPF.** *Hyperoodon butskopf.*	Le museau arrondi et aplati; la dorsale recourbée.

FIN.